Phänomen Honigbiene

蜜蜂的神奇世界

Phänomen Honigbiene

蜜蜂的神奇世界

原著：〔德〕于尔根 · 陶茨
摄影：〔德〕黑尔佳 · R. 海尔曼
翻译：苏松坤

科 学 出 版 社
北 京

图字：01-2007-5358号

This is a translation of
Phänomen Honigbiene
Jürgen Tautz

ISBN: 978-3-8274-1845-6

图书在版编目（CIP）数据

蜜蜂的神奇世界 /（德）于尔根•陶茨主编；苏松坤译. —北京：科学出版社，2008
ISBN 978-7-03-021455-3

Ⅰ. 蜜… Ⅱ. ①陶… ②苏… Ⅲ. 蜜蜂－普及读物 Ⅳ. Q969.557.7－49

中国版本图书馆CIP数据核字（2008）第039252号

责任编辑：马学海 田慎鹏 贾明月 朱雅君
责任印制：张 伟 / 封面设计：耕者设计工作室

科学出版社出版
北京东黄城根北街16号
邮政编码：100717
http://www.sciencep.com

北京九州迅驰传媒文化有限公司印刷
科学出版社发行 各地新华书店经销
*
2008年4月第 一 版 开本：720×1000 1/16
2025年3月第八次印刷 印张：18
字数：362 000

定价：88.00元

（如有印装质量问题，我社负责调换）

在精确规划时间和空间，组织物质和能量方面，蜜蜂可能是自然界中最神奇的物种。

中文版序

蜜蜂不仅仅是采花酿蜜传花授粉的有益昆虫，更是维护生态环境平衡和促进生物多样性的大功臣。蜜蜂对人类的价值和贡献不仅体现在蜂蜜与蜂蜡给人们带来的甜蜜与光明，蜜蜂生产的蜂产品的保健功能几乎家喻户晓，蜜蜂授粉提高农作物果蔬的产量与品质给人印象深刻，蜜蜂的学习记忆导航能力让科学家为之着迷，蜜蜂更以其惊人的群体智慧协调好发展与自然之间的和谐与平衡，为人类社会发展今天面临的环境与资源的巨大挑战提供新的解决思路。蜜蜂是人类的良师益友。

2005 年，本人非常幸运地在Stefan Albert 博士的引荐下，得到德国威尔茨堡大学(Universitaet Warzburg)生物中心蜜蜂试验站(Bee Station and BEEgroup)主任、意大利科学院院士于尔根 · 陶茨(Jürgen Tautz)教授的邀请，在中国国家自然科学基金委员会的资助下前往德国威尔茨堡大学开展国际合作研究，来到国际上赫赫有名的蜜蜂行为研究基地，开始新的征程。该研究团队的前一任学术带头人是美国科学院院士Martin Lindauer教授，他是诺贝尔奖获得者卡尔 · 冯 · 弗里希(Karl von Frisch)的学生和长期合作伙伴。德国威尔茨堡大学在蜜蜂行为领域的研究不仅历史悠久，而且取得了辉煌成就。

陶茨教授致力于蜜蜂行为生理和生物学方向的研究，为科学的传播与交流做出了巨大贡献，他曾被欧洲分子生物学组织(EMBO)两次授予“欧洲最佳科学家”称号。《蜜蜂的神奇世界》(*Phänomen Honigbiene*) 一书是陶茨教授的最新力作，该书介绍了他一生中最重要的研究成果，包括蜜蜂采集飞行过程中的光流理论、蜜蜂与植物的协同进化、蜜蜂通过触觉解读舞蹈语言信息、产热蜂和蜂巢温度调节、蜂群的自我组织与调控、蜂群超个体理论、蜂蜡的特性与巢脾筑造、蜜蜂的性与处女王婚飞、子脾发育温度对工蜂智能的影响等。全书深入浅出，通俗易懂，语言流畅，图片精美，从一个全新的视角向读者介绍了神奇的蜜蜂世界，给人以深深的启迪和思考。

在本书翻译过程中，中国农业科学院蜜蜂研究所所长、中国养蜂学会副理事长吴杰研究员审校了全书内容；中国养蜂学会、浙江省科学技术协会对本书的出版给予了大力支持；澳大利亚国立大学张少吾教授、中国养蜂学会张复兴理事长、陈黎红秘书长和浙江大学昆虫学研究所陈盛禄教授对本书的出版给予了精心指点和帮助；浙江大学动物科学学院研究生刘芳、湛毅参加了本书的翻译，做了大量认真细致的工作；科学出版社和科爱传播中心为本书的出版发行付出了艰辛的劳动。德国威尔茨堡大学 BEEgroup 的师生、国内外的亲朋好友、以及关注本书的人士都为该书的出版推广做出了贡献。在此一并致以衷心的感谢!

由于时间仓促，本人水平有限，而且著中提出了诸多新的观点和概念，所以翻译过程中定存在不妥和错误之处，敬请读者批评指正，切磋交流，共同提高。

苏松坤

2008 年 3 月于杭州

英文版前言

本书已经被翻译成8种语言（编者注：包括中文在内，目前已被译为10种语言），乍一看，该书只不过是有关蜜蜂及其生物学的著作，然而，它包含了许多与现代生物学一些最基本、最重要的原理紧密相关的信息。蜜蜂不仅把我们带进生理学、遗传学、繁殖学、生物物理学与学习等领域，而且让我们认识了从简单到复杂生命形式的进化基石——自然选择法则。该书打破了蜜蜂作为神人同形同性论*的自我牺牲个体的观念，给读者展示的是蜂群作为一个完整和独立生命的真实情况——拥有近乎怪诞的、自然发生的群体智能的“超个体”。令人惊奇的是，从蜂王到雄蜂或不育的工蜂，没有任何单一的个体能够离开或控制整个蜂群。恰恰相反，通过一个完整的控制和反馈系统，以及个体之间的通讯形成的网络，蜂群运用“蜂群智能”的形式达到自下而上的一致决定。蜜蜂蜂群的功能组织与脊椎动物大脑之间存在着惊人的相似之处。

《蜜蜂的神奇世界》将为博物学家提供精美的照片；为学生提供生物学的入门读本，使他们了解生物科学的基本原理，体验生物系统的无穷魅力和博大精深；为养蜂者提供他们熟知的蜜蜂行为背后的科学原理和一些可能导致反思传统实践方法的基本信息；为教师提供基础生物学通俗易懂、方便实用的教学素材，并提供一个如何综合其他学科知识理解生物系统的例子；为生物学家提供进化原理的再表述和蜂群作为超个体的介绍，以及该系统近亲选择和自然选择的结果；让那些相信创世主和智能设计的人，停下来思考复杂系统的自我组织特性和适应性。

我们越来越关注全球的气候变化。气候变化让我们意识到哪些生物处于死亡的边缘，它们已经适应了高度特化的小生态环境，短时间内非常小的环境变化都可能意味着这些生命形式末日的到来。在短时间内，如果它们无法完成足够的世代（注：一个有机体生命循环的一种

---

*神人同形同性论（anthropomorphism）：是指人们认为其他生命体或者类生物体都具有人类的情感，甚至具有自己的性格特质的一种观点，也称拟人论。

状态或阶段)，通过自身遗传变异的方式来适应生境的变化，它们便会死亡，加入历史长河中化石世界的生物名单里，或者更近一些的让人清醒的记录中。可能有人认为，像人类和蜜蜂等生物体，能够采取一些措施以控制它们直接接触的环境。我们有高度机动性，能够迁移到舒适的地方，如果不合适，我们可以在居住的地方构建围栏，等等。这是令人鼓舞的，但只是过于简单和误导的想法，因为我们赖以生存的是一个巨大的、多种生命形式交织在一起的生命网，我们生活在同一片蓝天下，最大的威胁是我们人类的无知和对我们生在其中的自然界的虐待。

在对自然系统及其脆弱性缺乏详细了解的情况下，我们的开发已经扰乱了数千年来建立起的平衡。新的自然平衡将及时被建立起来，但这往往对我们不利。蜜蜂对我们非常重要，没有蜜蜂意味着绝大多数农作物缺乏授粉，没有授粉就没有果实，没有种子。如果蜜蜂遭遇不幸，那么下一个就是我们。已有不少事件暗示蜜蜂出现了问题，我们应该更好地了解蜜蜂，并通过它们对自然界的复杂性有更广泛的认识，本书就是一个良好的开端。

Jürgen Tautz (于尔根 · 陶茨),
David C. Sandeman
Würzburg and Laubach
January 2008

目　录

目　录

前　言

从有记载开始，甚至早在记载之前，蜜蜂就已经非常令人着迷。人类很早就知道了十分重要的天然产品——蜂蜜和蜂蜡，而蜜蜂因能生产蜂蜜和蜂蜡而受到珍视。蜂群中有成千上万的工蜂，但社会生活却有条不紊，实在令人难忘；同时它们巢穴规则的几何学结构也一样具有强大的魔力。在现代人眼里，蜜蜂不仅是农业生产的重要帮手，而且是环境状况的指示器，以及人类与自然和谐相处的见证。

蜜蜂在不同时代和不同文化中还是和谐、勤劳、无私等积极和高尚品质的象征。现代研究揭示了蜜蜂的本性，并揭开了这些本性的神秘面纱。蜜蜂——世界上最令人惊叹的生命形式之一，向我们展现了生命的魅力，使我们对生命的理解更加深刻。

本书的目的是传达蜜蜂的神奇魅力，同时，把新的理解和现有的知识结合起来。然而，我们必须清楚，我们离蜜蜂的世界还很遥远，更不用说彻底理解，我们相信仍将有许多激动人心的发现。

本书的主题是介绍蜂群的一系列令人惊异的特征，它们结合了高等生物（如哺乳动物）与低等生物（如单细胞生物）两者的生存策略，因此在生物界占有特殊的位置。

图片往往能比冗长的文字描述说明更多的内容，尤其是在解释生命问题的时候；因此，我们在最初策划本书时，就决定采用图文交替的形式。

我们尽量避免引用科学文献、作者和研究人员（仅有少数例外），有兴趣的读者可以浏览网站（http://www.beegroup.de），该网站包含了每章的重要附加说明和背景材料，从参考资料到文献、网络链接、照片、录像、声音文件或类似材料。我们将定期维护和更新网站，以使本书的技术水平保持最新状态。

对我们来说，蜜蜂就是“phenomenon”，在这里，phenomenon并不是“现象”的意思，而是这个单词最原始、最纯粹的含义。Phenomenon来源于希腊语φαινό-μευο (fenomeno)，意思是某事物以其自身特有的形式呈现或出现，我们认为这个单词是对所谓的“超个体（superorganism)”蜜蜂的完美描述：它十足的天性不断地再次证明它是一种“phenomenon”。我们对这种“超个体”的认识每前进一小步，就会一点一点谨慎地揭开它的神秘面纱，并似乎缓慢地拨开笼罩在这一未知领域周围的层层迷雾。在研究蜜蜂的过程中，我们懂得每一点的努力都是值得的，这是多么的令人难以置信啊！

我们对蜜蜂的神秘生活洞察得越多，就越发惊异，对探索这一奇妙世界的雄心就越大。蜜蜂研究的泰斗——卡尔·冯·弗里希（Karl von Frisch）做过这样的评价：“蜂群犹如一口魔井，从中得到越多，它流出的越丰富。”

如果大家读过此书之后，能在下次遇见蜜蜂的时候比往常多观察几分钟，或者能回忆起蜜蜂一两个不同寻常的特点，我们将倍感欣慰。

我们感谢德国威尔茨堡大学蜜蜂研究组（BEEgroup）和Elsevier (Spektrum Akademischer Verlag）出版社的所有成员在本书的准备和出版过程中提供的支持与帮助。

序　　言

蜂群就相当于一个由众多个体组成的哺乳动物，那些体现哺乳动物优越性的特征，也以相同的方式出现在蜜蜂这种“超个体”中。

根据所有的常规标准，蜜蜂毫无疑问属于昆虫。蜜蜂约在3千万年以前就以现在的形式出现在地球上，然而，19世纪它们却被给与了脊椎动物的“身份”，这是在养蜂家和家具师——约翰尼斯·梅林（Johannes Mehring，1815-1878）做了一个不寻常的比喻之后得出的结论。依据梅林的观点，把蜂群看做一个整体，相当于一个脊椎动物，工蜂是维持生命和消化所必需的身体器官，而蜂王和雄蜂分别是雌性和雄性生殖器官。

把整个蜂群看作一个动物的概念导致术语“Bien”的出现，以解释“一个个体作为组织”。蜂群被视为一个不可分割的整体，是一个完整的活着的生物体。以蚂蚁的研究工作为基础，1911年，美国生物学家威廉·莫顿·惠勒（William Morton Wheeler，1865-1937）把这种特殊的生命形式命名为超个体(superorganism)。

这里我想借助有经验的养蜂者对蜂群的观察，把他们对蜂群的定义发展到极致。蜂群不仅相当于脊椎动物，更相当于哺乳动物，因为蜂群拥有哺乳动物的许多特征。这看起来似乎是牵强的，但并非空想，如果忽视蜜蜂的系统发育，而考虑那些功能进化特征的前后关系，将会发现这些都是脊椎动物（主要是哺乳动物）的最新进化形式。

采用截然不同的一套标准和新的特征，并直接和蜜蜂相比较，能将哺乳动物和其他脊椎动物区别开来。

- 哺乳动物的繁殖率非常低，蜜蜂也是如此(图P.1)(►第2章、第5章)。

- 雌性哺乳动物从特殊腺体分泌营养品（乳液）哺育后代；雌性蜜蜂也从特殊腺体分泌营养品(蜂王浆)哺育后代(图P.2)(►第6章)。

P.1 蜂群每年只培育若干只蜂王。新蜂王便在这种专门为她们建造的锥形王台中发育。

P.2 蜜蜂幼虫生活在天堂之中。它们漂浮在哺育蜂*分泌的营养丰富的浆状物质上。

---

* 哺育蜂（nurse bees）：负责哺育蜜蜂幼虫和蜂王的工蜂。

- 哺乳动物的子宫为它们的后代发育提供了控制精确并具保护作用的环境，使之免受外部环境变化的影响；蜜蜂为后代幼虫发育提供类似的保护：蜂巢子脾*就是“社会子宫”（图P.3）（►第7章、第8章）。

- 哺乳动物的体温约为36℃；蜜蜂含有蛹的子脾维持在35℃左右（图P.4）（►第8章）。

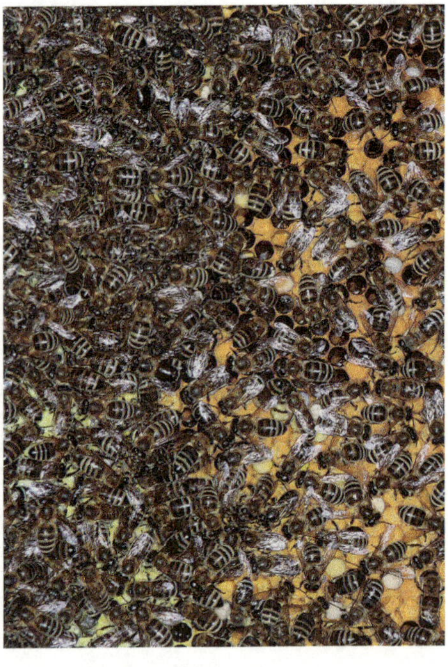

P.3 成年蜜蜂精确控制子脾的小气候。

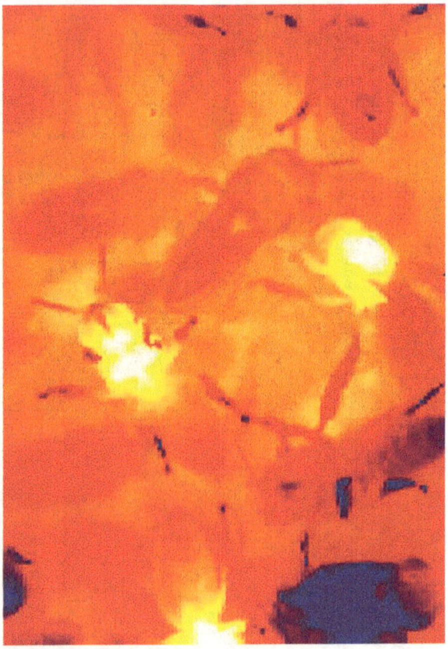

P.4 与哺乳动物一样，产热工蜂（heater bees）保证蛹的温度处于理想的、接近哺乳动物体温的状态，保持1℃以内的波动。

* 子脾（brood comb）：培育蜂子（包括卵、蛹和幼虫）的巢脾称作子脾。蜜蜂的蜂巢是用蜂蜡建造的，蜂巢由多个板状的结构组成，其两面排列着整齐的六角形蜂房，称之为巢脾（见本书图7.11）。

- 哺乳动物拥有容量很大的大脑，具有所有脊椎动物中最高级的学习和认知能力——蜜蜂拥有超越某些脊椎动物的高度发达的学习和认知能力（图 P.5）（►第 4 章、第 8 章）。

P.5 蜜蜂能迅速找到蜜源的位置、花的种类以及采集方法，以达到最佳采集效果。

对生物学家来说，在蜂群中发现哺乳动物，甚至我们人类自身所具有的特异的或基本的发育特征是相当有趣的。

蜂群作为“名誉哺乳动物”的想法，或准确地说它们拥有哺乳动物所特有的策略，说明它们之间存在比表面相似性更为丰富的内涵，而这是确实存在的事实。

为了从这种现象中获取更多的信息，而不是简单地叙述它们之间惊人的类似之处，有必要探究这些特性为什么是共享的。从这一点出发，动物已经为这一重要“问题”“找到”了相同的解决方案，我相信寻找这个解决方案是很有帮助的。

最初我们可以问：“我们可以预见解决办法，问题是什么？我们知道答案，问题是什么？”

一群生物在向前进化的过程中可能在竞争中获得优势，这依赖于它们受自然环境的影响程度。环境因素的变化是不可预知的，如果其影响一个群体的某些特性，那么这些特性就获得一个“值”，它们将决定这个群体的繁殖成功与否。适应的个体繁荣，不适应的个体消亡，这就是达尔文进化理论的要点。

如果环境变化的方向或强度是不可预知的，那么生物体就应该产生尽可能数量众多并且变化多样的后代，以适应未来未知的情况。

在进化过程中，当有机体适应甚至调控诸多环境因素，让自己或多或少从环境的约束中获得自由时，它们就能够利用这些优势，产生较少的后裔。哺乳动物和蜜蜂都属于这类特殊的物种。

不受能源波动的影响，通过自身产生的食物应对食物质量的变化，通过构筑防护的生活空间防备敌人的侵扰，通过调控生活区域的小气候降低气候的影响，与不能克服外界条件变化的生物相比，其优势明显。

所有这些“类哺乳动物”(mammal-like)的特性，是保证哺乳动物摆脱环境条件控制的重要因素，对蜜蜂也一样。**通过复杂的社会和行为组织，高效使用可利用的材料和能量，才能摆脱环境条件的束缚**(►第10章)。低繁殖率是适应生存环境调控的结果。在生存环境提供的可能性范围内，低繁殖率不但提高了个体的竞争力，并且维持群体数量的稳定。如果环境条件变化，它们将因有限的后代数量而不能很好地适应环境，除非它们能构建适合自身的生态位来应对危急的环境变化，以度过困难时期。

蜜蜂似乎不仅仅调控环境条件，蜂群在理想条件下还具有潜在的不败能力。蜂群这种超个体已经找到不断改变自身遗传结构的方法，像一条“基因组变色龙”(genomic chameleon，►第2章)，以保证它不会进入进化的死胡同。

一般而言，对环境调控作出反馈是生物的象征。每个生物体精确控制它自己的“内环境”(inner environment)，通过这个过程，生物体内的能量流动、物质和信息传递将被调整到一个适当的水平。体温是能量增加和减少的结果，而体重是物质增加和减少的结果。坎农(W.B. Cannon)于1939年在他的著作《身体的智慧》(*The Wisdom of the Body*)中提出动态平衡的概念，以描述身体状态的调节。生理学关注的就是生物体内这类调节过程。将其应用于研究蜂群作为一个超个体或“一种在很多方面可称作哺乳动物”的种群是如何控制其内部环境的，便产生了社会生理学，这门学科关注的是蜂群自我平衡调节的调控因子量，以及如何通过蜜蜂个体完成调控和调控的目的（►第6章、第8章和第10章）。

哺乳动物的生理学和蜜蜂的社会生理学有许多惊人的相似之处。研究发现，不同生物独立进化但它们的生活策略却是类似的，有殊途同归之效。鸟和昆虫的翅膀就是一个例子，翅进化的意义就在于解决共同问题——在空气中运动。

我们已经知道了哺乳动物和蜜蜂有许多共同的特性，那么不禁要问：“这些殊途同归的进化策略要解决什么样的共同问题呢？”很明显，所有特性都是让哺乳动物和蜜蜂在一定程度上摆脱环境的控制，达到其他生物种群几乎无法达到的程度。这种独立性不必延续到每个个体的一生，而是特别限定在生物生命周期中易受攻击的阶段（►第2章）。

蜂群使用非常类似于哺乳动物的策略，哺育相对少，但后代都得到了细致的照顾和保护，并最终将具繁殖力的个体释放到自然界中。为了达到这个目标，蜜蜂进化出了生物界中最令人惊讶的特殊能力和行为，我们只是刚刚开始解读这个高度复杂的神奇世界。

人类最小的家养动物

蜜蜂不仅是生物进化的成功典范，而且因其授粉作用，具有突出的生态意义和经济意义。

蜜蜂的学名 *Apis mellifera* 的意思是“运送蜂蜜的蜂”。

蜂群在夏季约有 50 000 只工蜂，冬季约有 20 000 只。

蜜蜂访花采集花蜜和花粉，把花蜜酿造成蜂蜜；花粉是蛋白质丰富的营养源。

蜜蜂用消化道的特殊结构——蜜囊运送花蜜，后腿“花粉篮”是携带花粉的器官。

工蜂蜡腺产生蜂蜡筑建巢脾，她们把蜂蜜和花粉贮存在六边形的巢房内，巢房也是蜜蜂幼仔的托儿所。

蜜蜂为人类服务的第一个例子是蜜蜂为农作物授粉。

人类把蜜蜂饲养在人造蜂箱内，采收蜂蜜、花粉、蜂胶和蜂王浆。

蜂群中所有的工蜂均是无生育能力的雌蜂。

雄性蜂（即雄蜂）仅等待繁殖，其自身存在的目的就是与雌性交尾。

每个蜂群仅有一个蜂王，可根据其明显长大的下腹加以区分。

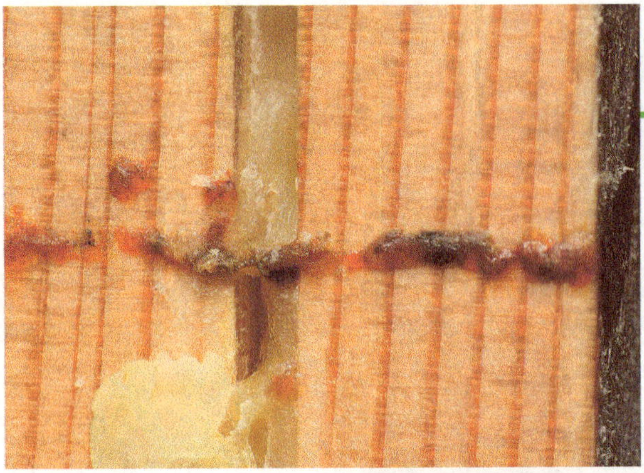

蜜蜂从植物的芽、果实、花和叶采集树脂做成蜂巢内堵缝的材料——蜂胶，人类从蜂巢内采收蜂胶，以作药用。

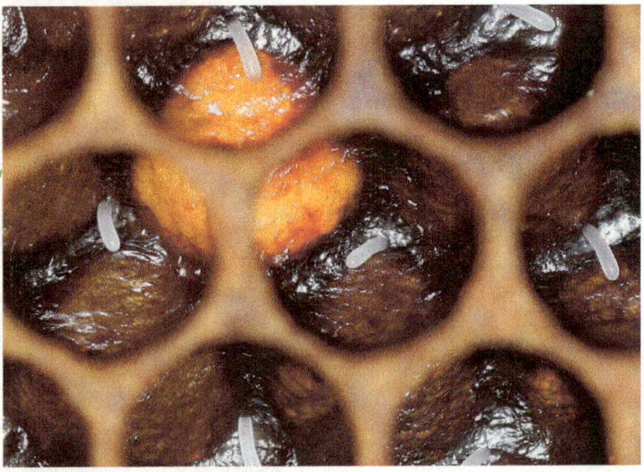

蜂王在每个巢房内只产一个卵，但整个夏天产卵可达200 000个。

蜜蜂的卵孵化成幼虫，幼虫在巢房内成长并化蛹。

雌性工蜂由受精卵发育而来，个头稍大的雄蜂由未受精卵发育而成。

工蜂在她们的一生中经历清洁蜂、建筑蜂、幼虫哺育蜂和守卫蜂等职业阶段，到年长时她们离开蜂巢担任采集蜂。

照顾幼虫是巢内工蜂的任务。

采集是飞出巢外的工蜂的任务。

蜜蜂个体之间借助各种化学和触觉信号彼此通讯，舞蹈语言是她们通讯系统的重要组成部分。

夏季，工蜂用特殊的食物在特殊结构的巢房内培育若干只蜂王，蜂王一生中只在婚飞阶段交配，不过是和许多雄蜂交配。

蜂王的一生中仅取食蜂王浆，并有陪伴蜂为蜂王提供精心的照料。

蜜蜂分蜂以增加蜂群，老蜂王和大部分个体离开原来的蜂巢。

蜜蜂以一个完全的蜂群越冬，她们以密集的蜂团方式聚集在一起，通过振动胸部肌肉产生热量，使用贮存的蜂蜜作为活动的能源。

蜜蜂用她们的螯针来防卫。

由于对农作物的授粉贡献巨大，蜜蜂成为欧洲第三大最有价值的家养动物。

蜜蜂在维持开花植物的多样性中扮演着最重要的角色。

1

自然选择了蜜蜂

蜜蜂是适宜条件下进化的必然结果。

约在45亿年前，地球上开始出现生命，并依照不变的原则开始发展和传播。根据一套基本的简单法则和方式，有机世界出现了惊人的多样性和令人难以置信的复杂变化。

“生存”是促进生命进化发展的动力，“生存”就意味着比竞争对手繁殖得更快。简单地说，繁殖就是复制自己。当使用术语“复制”（copy）时，实际上就是“克隆”（clone）的意思，从这个意义上讲，只有生命世界的遗传物质才能真正产生自身的复制品。核酸大分子大量组装连结形成长链，被公认为是唯一的遗传物质，这条链的每一链环由四种不同碱基、一种糖以及磷酸组成。当任一碱基在环境里能够自由获取并接近已有的链时，它只能特异地连结到对应的一个碱基上，称之为互补。当一条链的所有碱基都特异地和它对应的碱基互补时，将产生原模板的“负”复制品。这条“负”链和原来的模板分离开，碱基互补结合到“负”链上，将产生一条完美的复制品。

随着地球上这些分子类型的发展和极尽可能的优势的形成（但我们对此是一无所知的），出现了一个令人激动的命题——复制品的复制品，在亿万年的过程中构建一个遗传物质连续不断的链，直到现在的有机生命。

不难想象，作为遗传的基本资源，这些在复制时所需的分子已经成为生物彼此竞争的对象。一开始原料是稀有的，虽然后来原料越来越多，但对它们的需求也越来越大。酶分子能使复制更快更有效，把竞争对手丢在后面。然而，为了产生新分子，复制应该精确但不能完全没有错误。复制中可容忍水平的错误保证了变异的产生。没有变异，就没有新的物种。

一千年一千年地过去，情况没有发生改变，复制过程中的突变是新生命形式的重要来源。新“译本”可能不适应环境而快速消失，也可能适应环境而存活下来，随着新“译本”的不断产生，出现了核酸的大量变异。这些不同的链包含着特定有机体的遗传信息，或称基因组，这就产生了丰富多彩的生命形式。

不能忽略的是，在经历了超过40亿年的几乎不可想象的漫长时间后，世界表面布满不均的核酸分子，核酸链也含有完全不同的组合方式。这些链在环境中不是自由存在的，然而，它们已经为自身“获得”了不同“包装”的巨大变异。深深隐藏在有机体内的核酸，其隐性存在的原因是什么？**它决不是一种畏缩的引退，相反，核酸忙于不断地大胆提升自身的能力，希望超越和自身相似的、处于直接竞争对手地位的核酸。**“包装”是如何帮助这个过程的呢？

最原始的自我复制遗传物质(核酸）在进化过程中发展出了一些特征，如果我们从其中寻找答案，下列事实就很明显：

- 随着时间的流逝出现更复杂的结构
- 这些结构比构造它们的单一元素更似一个整体
- 这些结构能决定组成它们元素的行为

遗传物质本身决不会变得更复杂。上述三条概述了生物体“包装”或所谓的“表现型”发育进化的明显趋势，遗传物质（“基因组”）被用于与其他有机体战斗并“比竞争对手更成功地存活和繁殖”。

代表有机体早期复杂形式的最初的细胞大约在35亿年前就形成了，虽然基因组没有被核包裹，但已经包括了许多重要功能元件。单细胞生物为满足自身染色体复制的需要从周围的环境中摄取所需的物质和能量。自由生活的单细胞生物至今仍然存在，并且在自然经济中扮演重要角色。这就是停留在进化基础阶段的细菌和单细胞生物，它们可以与多细胞生物竞争，否则它们已不复存在。多细胞生物的演变首先开始于大约6亿年前，落后于单细胞生物形成约30亿年。在这个巨大的飞跃过程中，最初独立的单细胞生物联合起来形成了多细胞生物。刚进入这种复杂水平时，细胞起初没有放弃它们的分离状态，而仅仅是互相挨着形成一个群落。通过这个“意外事件”，生物“发现”了两个重要特性的好处：分工与合作。由此，出现了一种载体，其特征是能够让基因组分子更加有利于有机体多样性的繁殖。通过可利用模块的叠加，复杂结构发展起来了，这是毋庸置疑的。但是为什么复杂的机体形式就有优势呢？如果真有优势，那这些优势又是什么呢？

一个明显的优势在于给不同的单因素委派不同任务的机会。这种专业化使得有机体能够同时和不连续地解决不同的问题，这是单细胞生物的实际情形。特化结构（例如多细胞生物体中不同的细胞类型）出现的时候，就有了整合它们活动的可能性，也就打开了与环境相互作用的新道路。多细胞生物体决定了当前的生命世界，这是非常成功的一步。

随着多细胞生命形式的出现，就有了有计划的衰亡。基因组创造的多细胞生物体形式的载体是临时的。人们也许认为这不是长期生存竞争的良好起点。这种困境的出路是保护身体细胞的一个小部分免遭死亡，并利用它们建立“永恒”的复制流水线，以获取多细胞组织提供的效率为代价，抵抗它们有限的寿命。因此，许多多细胞动物把基因组的传代任务委派给专业的细胞——雄性和雌性生殖细胞。由此产生了跨越时间连接各个世代的世系，而基因组的传递变成了独立于它们载体死亡的一件事情。

由稳定元素构建的复杂子系统导致了多细胞生物体的出现，并解决了染色体死亡率的问题。

以上描述的进化飞跃有一个因素是共同的：把基本的构造和可利用的建筑材料放到新的更加复杂的结构里。复杂性出现了新的水平，每一种水平都增加了以前生命世界无法获得的可能性。根据亚结构里有序组织元素的逻辑，下一个量级的飞跃会通过将各个个体叠加成超个体而形成更加复杂的系统（图 1.1）。了解了地球上这个演化过程的第一步之后，观察者也许预言了超个体的出现，这一步迟早会发生。唯一的问题是适当原材料的可利用性。这

1.1 生物体复杂性进化过程中的重要跳跃。自生命开始直到现在，从复制开始至被复制的连续线索可能从未中断过（图中的红色圆圈）。最初，单细胞在它们的细胞核内携带传宗接代的基因组，当这些单细胞聚集在一起形成生物体时，它们用日益复杂的、容易变化的结构环绕自己，而遗传信息仍由生殖细胞延续着。蜜蜂蜂群等超个体由单一的生物体组成，其中只有有繁殖能力的蜂王和雄蜂负责生殖细胞的延续。在单个的生物体中，体细胞形成支撑系统；而在蜜蜂蜂群超个体中，这个任务由工蜂承担。图中未充填的圆圈表示那些自身无法复制但支持那些能自我复制元素的元素。

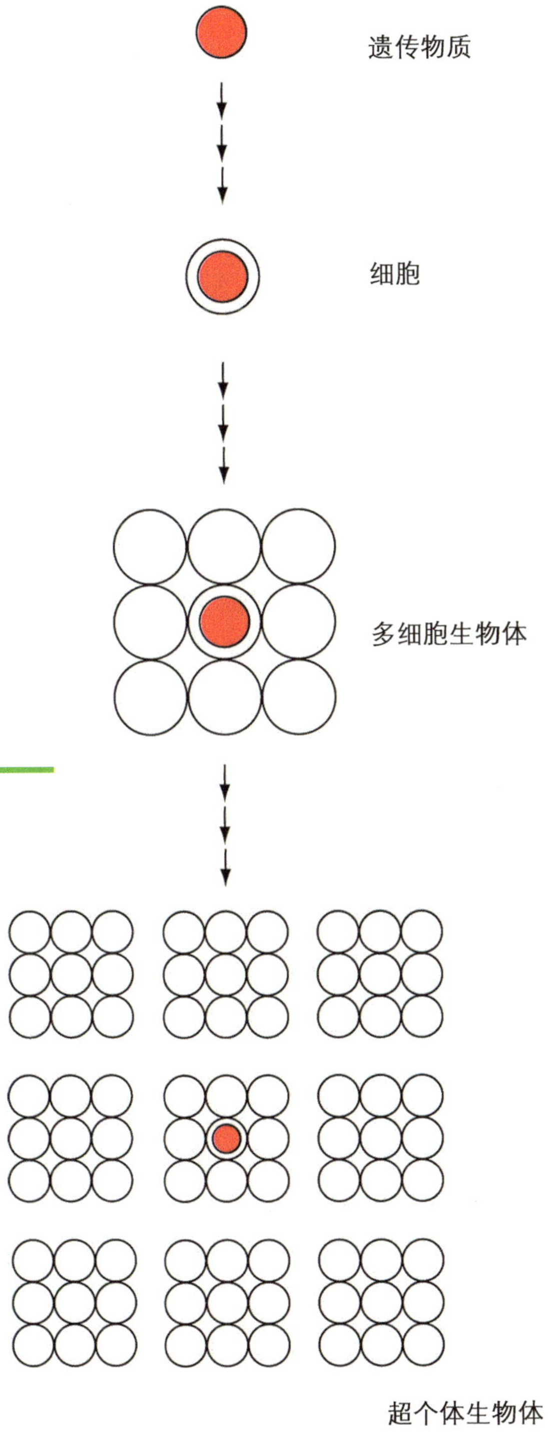
遗传物质
细胞
多细胞生物体
超个体生物体

些想法可以进一步向前推进：某一时刻超个体自己将联合起来，形成控制单个超个体的生命形式。演变还没有进行到这一步，将来会不会呢？蚂蚁的某些特殊种族很可能已经有了这种征兆。

拥有大约3000万年历史的蜜蜂今天的表现几乎是必然的。它们在某一阶段必然“发生”。它们身体形成的细节可能不同，它们可能不一定看起来像我们今天的蜜蜂，但是对“蜜蜂蜂群超个体”这个基本的组织形式，没有其他竞争性的备选答案。

因为拥有发生的必要条件，所以蜜蜂不可能是碰巧“发生”。在理论上提出超个体的出现是一个问题，在实际中发现它却是另一个问题。在自然界，除白蚁之外，只有膜翅目的蚂蚁、蜜蜂、土蜂和黄蜂中发现了有显著意义的超个体。超个体出现的必需条件将在第9章描述。现在我们把兴趣放在眼前，而把过去和将来暂时放在一边。

蜜蜂蜂群超个体有着高度复杂的系统，但是和简单系统一样，它仅仅是基因组的载体。即使在这个精巧的包装里，基因组“追求”的目标与原始混沌状态的分子也是相同的，即比它们的竞争者更成功地繁殖后代。当然，分子实际上并不是在“追求”一个目标。但是，如果观察进化的整个流程，将发现生存下来的元素表现得就好像它们积极地为了这个目标而一再复制自己一样。上述表达是对这个过程的描述，但是我们想通过“……分子努力往……”、“……他们想要……”，或者“……他们有一个目标……”等拟人化的语言来简化这个概念。

分化的个体在传递超个体基因组中扮演的角色，就像生殖细胞在多细胞生物体内的角色一样。群体产生一些牵涉到基因直接传输的性活跃的个体，和大量不生产却在维护群体的活动中执行重要任务的个体，比如对性活跃个体进行控制和培育。

如上所述，更加复杂的结构真能达到比组成它们的单个因素相加更好的效果吗？并且，这对于蜜蜂是不是适用呢？因为由基本单位组成，复杂结构比简单单位拥有更多的组分，所以在它们之中还有不同组分的互相作用。因此，在一定条件下，复杂结构会表现出不能用它们的单个元素性质解释的性质：正如亚里士多德发现并表达的那样，整体大于它各个部分的简单加和。因此根据所有个体之间的信息流，**蜂群能作为一个单独的单位“做出决策”，而单个蜜蜂则不能。**蜂群通过个体不同能力的汇集和融合获得的胜利，将在第10章详细阐述。

复杂系统能否真正影响和确定它自己组分的性质？这也与蜂群相关。个体蜜蜂的特征由它们生活的条件决定，而这些条件又反过来受到蜜蜂自己的控制。这些有关蜜蜂生物学中重要选择的详细内容见第6章和第8章。

2

生生不息的繁殖

蜜蜂生物学就是研究蜜蜂如何利用环境中的物质和能量，以及如何组织这些资源来确保后代的高质量繁殖。这是理解蜜蜂惊人成就的关键。

生殖和性是两个不同且相互独立的过程。没有性，生殖也可以进行，反之亦然。生殖就是复制。实现复制的最简单方法就是细胞分裂。而有性生殖以来自两个不同性别个体的生殖细胞的融合为基础，这种融合增加了物种的多样性。多样性非常重要，因为它给进化选择过程提供了很大的可能性，以保持物种向前进化。基因突变可以达到同样的效果，但是物种进化选择是不能人工模仿而发生的，并且这种进化是随机分配的。有性繁殖不依赖于这种偶然性，每个受精体都是一个新的类型。

一般来说，高等动物可以通过交配使复制品加倍，因此生殖和性的独立可能不太合理。但是脱离繁殖的交配却可以通过单细胞生活型实现。两个单细胞组织相互融合，交换遗传物质然后分开。这种融合的结果是得到和以前一样的两个单细胞生物，没有发生生殖，但是因为遗传物质的交换，遗传学上的新类型就产生了，最后带来了物种多样性的提高。

生殖和性别分化

不同寻常的生殖和性别分化，使蜜蜂和类似的热带无刺蜂在动物界占有特殊地位。通常来说，有性繁殖的动物是成对的，它们的后代也是如此繁殖和哺育后代。

然而，蜜蜂却不一样。

让我们做一个小的设想实验：如果整个蜂群内我们只关注蜂王，屏蔽掉其他不生育的蜜蜂。每年蜂王将会哺育一到三只新蜂王，一年后，新蜂王或在旧的蜂箱或在新的地方以同样的方式繁殖。每个夏季，每个蜂群会产生上千只雄蜂，它们将离开蜂群和邻近蜂群内年轻的处女王进行交配（图 2.1）。

这样看来，蜜蜂的性行为和繁殖就不那么令人注目了，若不是繁殖的雌性蜂如此少并且可以活很多年，而雄蜂只能活一小段时间，雄蜂和雌蜂是如此的不平衡。同样值得注意的是，有繁殖能力的雌性蜂后代产生的时间会被短的时段和较长的时段交替分隔开。

2.1 假设蜂巢内不育的蜜蜂突然不可见了，只剩下蜂王和几只雄蜂。

每代只繁殖两到三个雌性后代，相对于一次能产一万个后代的其他昆虫来说是太少了，而后者这一万个后代是近乎雌雄均等的。雌性动物在繁殖过程中明显比雄性有价值，因为雄性动物只是提供廉价的精子，但是雌性所提供的是相当少的珍贵的卵细胞。从纯技术角度来说，很少量的雄性就能够满足雌性受精的需要。

我们在蜂群中可以看到这种情形：很少的雌性蜂，很多雄蜂，甚至多得令人惊讶。而与之相反的情形很容易理解，因为少数雄蜂就可以为卵细胞的受精提供足够的精子。此外，蜂王出现之间规律的长短间

期交替顺序也令人惊奇。大多数动物的情况是，在任何时期，只要生理和环境允许，就产生尽可能多的世代。为什么蜜蜂会选择这条独特的道路呢？

培育如此少的雌性后代从很多方面来说是相当不利的。根据达尔文所言，超量生产许多不同的后代是进化的一个重要需求。蜜蜂产生的后代这么少，变异就很有限，因此可供进化选择的可能性也是有限的。再者，如此少量的后代可能会全部毁灭，这样它们的基因就会从基因库中消失。

然而，非常小心地照顾后代并给后代提供一个安全稳定生活环境的动物，通常都只有少量的子女。在很多时候，亲代会一直照顾后代到它们性成熟，确保它们比那些被抛弃自生自灭的物种更确定地把基因传给下一代。这种情形让我们想到了大型哺乳动物，它们每次就繁殖一到两个后代，但是这些后代能享受很长一段时间的照顾——子代越少，得到的照顾就越好越周全。

这种情况可以和蜜蜂相提并论吗？事实上蜜蜂正符合这种情形，并且它们采用了最佳的培育系统，长时间地照顾能生育的雌性后代。

但是回到我们的实验：如果我们让所有不育的蜜蜂回到蜂群中，那么蜂群内立刻会有上千只不育的雌性蜂出现（图 2.2）。

2.2 在交配期，一只能生育的蜂王、许多不育的雌性工蜂和大量雄蜂就是组成蜂群超个体的“积木”。

分蜂群

工蜂给蜂王提供了一个安全的环境。当老王离开并带走70%的工蜂时，工蜂为新王提供了一份嫁妆——一个完整的蜂群。老王产下来的新蜂王仍然呆在原蜂巢内，她不仅拥有1/3的工蜂，还有储满蜂蜜、花粉和发育中幼虫的巢脾。这对一只蜂王的生活来说是再好不过的开始了。

一个蜂群不只分蜂一次。蜂群分蜂之后还会有足够的蜜蜂呆在巢内，以便下次两只新王出现时再分开。这种情况发生以后，分出去的蜂群就不如以前的蜂群强大了。群势的强弱决定了其生存能力的大小，第二次分出的群势小的分蜂群，生存能力就很小了。

从一个蜂群只能分出极少量的分蜂群这一点可以看出，蜜蜂只产生极少量有生育能力的雌性。

通过分蜂的方式来繁殖扩大种群，是一种不正常的、很浪费的途径。在昆虫中，只有蜜蜂、热带无刺蜂和某些蚂蚁采用这种分群的形式进行种群的繁殖。

依地理位置不同，分蜂发生在四月份到九月份这段时间。只有当蜂群个体数量发展到一个最大值，并且有足够的幼虫存在以弥补分蜂造成的成年蜂的缺失时，新的蜂王才会产生。分蜂的预兆可以观察得到：大规模分蜂前的两到四个星期内，蜜蜂会建造口朝下悬挂在巢脾下边缘的王台（图2.3）。

这些小的杯状王台在蜂群内存在很长一段时间，但是只有在分蜂的准备阶段卵才会产到里边。有时在一个蜂群内能见到多达25个王台，但其中大部分幼虫都不能存活下来。当这些王台中有一个幼虫足够大，可以封盖并进入蛹期时，分蜂就发生了。在新蜂王出来的前几天，老蜂王就会离开蜂巢。

分蜂前，那些将陪同老蜂王一起离开的工蜂会携带巢内储存好的蜂

2.3 蜂群建造新的王台是准备分蜂的第一步。若干个王台建造于巢脾下缘。

2.4 在分蜂之前，工蜂的蜜囊填饱了蜂蜜，她们必须在这些蜂蜜贮备耗尽之前找到新巢址并安顿下来。

蜜（图2.4）。这些储备最多能维持十天，在这段时间内分蜂群必须要找到一个新的巢，并建立正常的蜂群生活。

即将离开蜂巢时，分蜂群在巢内发生骚动，产生高频率的振动信号，不停地咬拉蜂王的足和翅膀，使蜂王兴奋。然后，大量的蜜蜂开始飞离蜂巢（图2.5），在蜂巢不远处的上空聚集发出嗡嗡的声音（图2.6），开始寻找新的筑巢地点。分蜂群内有很多来自原群的强健蜜蜂，那些幼年蜂和老年蜂都被留在原群。

如果分蜂后留下的有新王的蜂群不能继续分蜂了，工蜂就把仍然存在的王台连同王台内的幼虫一同全部毁灭。当蜂群重新恢复它的群势时，工蜂又将开始在王台内哺育新的幼虫。

这种量不多但是功能齐全的分蜂群繁殖的方式，对蜜蜂的整个生命过程有着极为深刻的影响，使它们得以繁衍下去不致毁灭，而且作为“永生的副本”存在于世界上。

但是，分蜂群并不仅仅作为彼此的遗传副本存在。每个超个体都有

2.5 照字面的意义，分蜂就是“分”出蜂巢内的蜜蜂。

2.6 分蜂群在老蜂巢附近结团，并派出侦察蜂去寻找新家。

自己的遗传基因。一个蜂群内的每个个体都是同一只蜂王的后代。不管来自卵子或者来自蜂王受精囊内携带的雄蜂的精子，只有蜂王的基因才能遗传给后代，这些基因组成了这个蜂群的基因库。即使新王是同卵双胞胎，它们也不能形成具有相同基因的蜂群，这是由雄蜂自我毁灭性的交配行为导致的。雄蜂交配一次就立刻死亡（►第5章），这样就决定了两只蜂王的后代是永远不可能相同的。

留下来的蜂群与分出去的蜂群部分当然是一样的，因为它们都来源于同一只蜂王，只是现在那只蜂王离开了。情况是在新的蜂王开始产卵时发生变化的。当老蜂王留下来的蜜蜂全部死亡时，新的基因库也就成功地建成了。因此，在很长的时间里呆在同一个巢内的一个蜂群，会伴随新王的出现，不断地改变基因。因而这个超个体既是相同的又是变化的。

另一方面，分蜂出去的老王蜂群仍然保持它的基因，直到那个老王被新王代替。

超个体的生活史

多细胞生物体的生活史都包括四个阶段：开始是单细胞阶段，通常是受精卵；接下来是生长和发育期；第三个阶段是性成熟阶段；最后一个阶段通常和第三阶段同时发生，即繁殖期。四个阶段构成一代。同一物种后代的生活史时间可能有不同，因为个体的生活阶段依赖于环境。季节和相应气候条件的直接和间接影响，对生活史起了很大的决定作用。

蜂王的生活史是从胚胎发育到交配，这个过程最多要一个月。但这并不是说每四个星期就会产生一代新的蜂王，因为她们的生活史被分成了相互交替的不同时间段而变得很复杂：第一个生活周期是一个月，下一个则可能要持续一年。从卵的产生到能够正常交配的处女王*所需要的确切时间是一个月。下一代将近一年的生活期将持续到这只蜂王产下发育为新蜂王的卵为止，新一代的蜜蜂将由新蜂王产生。以这样的形式就建立了一种节律，一代代的蜂王因为生活史的时间不同而被分开。

---

* 处女王（virgin queen）：指从王台出房之后到交配之前的蜂王。

这种交替顺序的传代时间是只有在超个体中才发生的：蜂王不停地产卵，这些卵发育成不育的工蜂。有生殖能力的雌性蜂只有在需要的时候才会产生，并且需要工蜂对王台内的幼虫给以特殊的食物饲喂。除了冬季的几个星期，工蜂可以在任何时候哺育具有生殖能力的个体，因为蜂巢内总有幼虫存在。通常每年要哺育一只新王，经过从卵到交配的一小段发育期，蜂王就开始在长长的夏季产卵。

因此，蜂群中的工蜂决定了每代的生活动态，积极地调控着每代的时间节律并将生理学上短暂的蜂王发育周期延伸到了一年。这种调控使得生殖蜜蜂的世代时间与蜂群分蜂的节律能够连接起来。

分蜂只在完整的蜂群这个水平上进行，并且形成了一个与单个生物体不同且更简单的循环。因为蜂群绕过了单细胞的阶段，而且没有一个真正的生长期。

随着季节的改变，蜜蜂群势也在不停地发生变化，蜜蜂数量随季节变化消长起伏：春季蜜蜂数量上升，初夏因为分蜂带来严重的群势下降，而冬天则有很多蜜蜂死亡。原则上来讲，蜂群随时都能分蜂。但是，在分蜂前必须做好一些准备工作。

为什么其他大部分多细胞动物没有采用跟蜜蜂一样的策略呢？为什么它们不像单细胞生物那样分裂呢？

多细胞生物各个组织从单细胞开始的发育和分化，是一个高消耗的复杂过程。通过简单平分这些高度特化的成分来实现繁衍生息，不像在一个蜂群内将本质相似但生理上分离的蜜蜂分开那么容易。因为无性生殖在技术上说太难了，所以自然界没有避免复杂的性。

对分成四个阶段的生活史，遗传学上能给出一个令大多数人满意的解释。正如我们已经解释过的，通过交配来生殖能增加物种的多样性，而这正是进化的基本条件，这一点已被达尔文发现。在多细胞生物中，性和因生殖而带来的一些体细胞的特化也同样导致了其他体细胞的死亡。多细胞生物生殖细胞和体细胞的分工为生命舞台带来了死亡法则，这不是偶然事件也不是不幸，而是一个程序化的普遍原理（►图1.1）。

在这种艰难的进化条件中，蜜蜂为自己找到了一个完美方式。它们有一种优势，可以不通过丢失其他个体而仅仅是通过简单的分蜂实现蜂群的繁殖，同时哺育具有生殖能力的后代，这些后代的生命周期与分蜂周期是同步的。保留了那些有生殖能力的后代，其实也就保持了遗传变异性。因此蜜蜂能和所有其他通过两性交配来繁殖的动物和植物一样，利用连续的生殖细胞系（►图1.1）。与其他多细胞动物相反的是，蜜蜂以一种同样永生的超个体——蜂群，代替了永生的生殖细胞系。通过分蜂来生殖蜂群这个策略简化了它们的生命周期，原则上说，是它们得以永远存在的法宝。

因此，通过分裂实现物种永存的法则不仅存在于单细胞生物的简单生命形式中，也发生于最复杂的超个体。

死亡和永存不朽

作为人类，我们为具有五千多年历史的古老城市而自豪。当然原来的房屋和街道都已不复存在，那些市民也不在了。但是，这些居住地和地理位置作为一个单位，一直是有人居住的。蜂群就是这样一个一直有蜜蜂存在的单位。

蜂群的永生通过成员的不断补充得以实现。每四个星期至十二个月，工蜂就会被替换一次，具体替换时间要看季节，蜂王是每三到五年更换一次。雄蜂只能生存2~4个星期，和许多工蜂的寿命一样。一个拥有5万只蜜蜂的蜂群，每天要死亡500只蜜蜂。这样，在大约四个月之内，除蜂王外每天有总计1%的蜜蜂要被更换。这种不断的更替并没有改变蜂群的基因。

从新蜂王可以产卵开始，蜂群的基因将完全改变。这一步是蜂群中遗传性死亡蔓延的开始。已经交配的蜂王就具有了新的遗传成分，她所有的后代也是如此。随着时间的推移，这些后代的数量就会增加，并取代老的蜜蜂。

当新王出现、蜂群发生分蜂时，就会发生一次蜂群的更替。这种情形在紧急情况下也会发生，比如蜂王突然死亡。蜂群将被迫从现有的卵中培育出新蜂王（图 2.7）。

这种蜂王的后备使得老蜂王不具备繁育工蜂能力时，蜂群有新蜂王可以接替她的位置，并通过婚飞获得新的精子，开始繁育工蜂。定居在一个地方的蜂群通过自然分蜂每年更换一次蜂王，也就每年改变一次基因。

土著蜂群潜在的永存性给新迁入的蜂群造成了麻烦，因为没有适宜空间了。实际上，这种情况不会出现。疾病、寄生虫、捕食者、饥饿、缺水或突然的大灾难，比如森林火

2.7 为应对紧急情况，在子脾区域仓促地构建王台。

2.8 这个分蜂群未能及时找到新巢以逃避暴风雨。

灾，都具有调节效果，没有一个蜂群能真正永存下来，这会为新来者留出空间。

离开原蜂群的分蜂群存活的几率也不是很高。一般一个蜂群发生了第二次分蜂后就很难再继续下去，特别是分蜂群很弱小或受到恶劣天气侵袭时（图2.8）。不过，如果分蜂群在第一季存活下来的话，那么它们继续存活下来的可能性就很大了。

物质和能量的组织

这种缓慢但连续的分蜂带来了功能齐全数量众多的分蜂群，其在蜂群的建造上是有价值的。

我们不能片面地去理解分蜂群存在的意义，整个蜜蜂生物学的焦点集中在从环境中开发利用物质和能量，并利用这些资源来获得高质量的分蜂群上。这是理解蜜蜂能力和成就的关键。

蜜蜂离开自给自足和有保护性的蜂巢，去寻找物质和能量让自己生存下来，并且准备好完成每年的蜂群分蜂。

在一个蜂群中，蜜蜂是怎样管理物质和能量的呢？

地球上所有的生物都要依靠太阳。植物从太阳光中获得、固定能量并创造出有机物。这些有机物和储存于其中的能量接下来被动物利用。蜂群的维持和分蜂群的发展其实也部分地遵循这个原则（图2.9）。所以，蜜蜂完全依赖于显花植物*。

蜜蜂不是单方面地开发显花植物。在所有生命形式最重要的任务方面，显花植物和蜜蜂是相互支持的，那就是繁殖。蜜蜂访花时，携带着花粉从一朵花飞到另一朵花上，这样就完成了花的授精，这对于含有种子的果实的形成是必需的。分蜂群则是原蜂群的“果实”，而这个果实的生产要依靠丰富的花蜜和花粉。将这个简化了的类比推广开来，分蜂群中具有生殖能力的个体就是蜜蜂的“种子”（图 2.10）。

2.9 蜂蜜是黑暗蜂巢内太阳能的来源，植物捕获太阳能，并将其转化成化学能贮存在花蜜内。蜜蜂采集花蜜回巢，把转化成化学能的太阳能以蜂蜜的形式贮存起来。

* 显花植物（flowering plants）：开花、结实、靠种子繁殖的植物的统称，隐花植物的对应词。

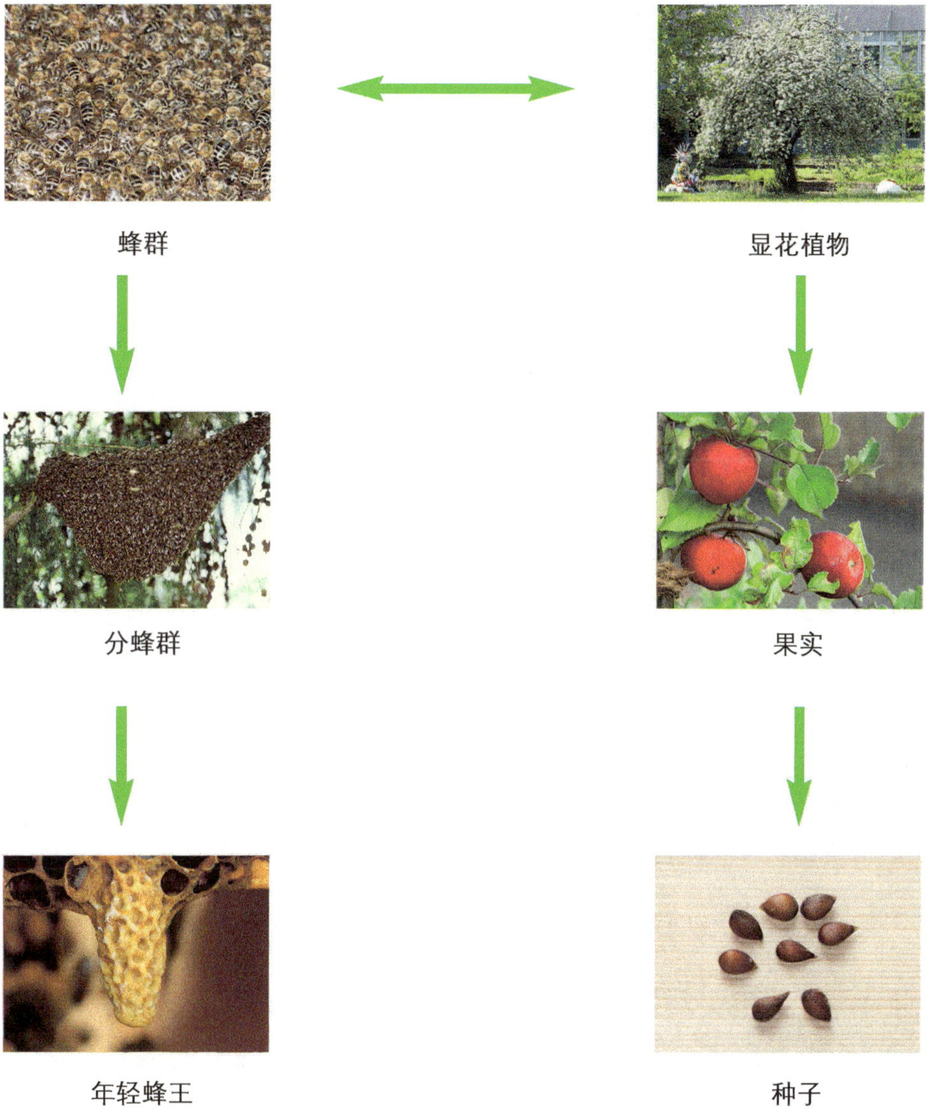

2.10 蜂群生物学和许多显花植物紧密交织在一起。蜂群产生分蜂群，分蜂群内有携带雌性配子细胞的蜂王。显花植物产生包含种子的果实。从花到蜂群的连续的物质和能量流动使蜂巢的成员不断地更替，因此，“永生蜂群”使分蜂群源远流长。

3

蜜　蜂
——一个成功的范例

虽然种类相对较少，但是蜜蜂对生态环境有着巨大的影响。

3.1 令人难以置信的是，显花植物的多样性与为它们授粉的蜜蜂种类的稀少性形成鲜明的对比。

蜜蜂的物种多样性是非常小的。蜜蜂属已知的种只有九个，对蜜蜂来说不是准确的记录，它们和熊蜂属一起归入蜜蜂科（Apidae）中。有八种蜜蜂生活在亚洲而只有一种西方蜜蜂（*Apis mellifera*）生活在欧洲和非洲，它们形成了能互相杂交的许多种族。由于人类的活动，西方蜜蜂已经遍布世界各地。

只有一种蜜蜂同时生活在两大洲也许会使你认为蜜蜂是一种失败和不重要的种族。**然而，因为蜜蜂有极其微小的物种多样性就把蜜蜂认为是不重要的边缘种族也许是错误的。想想与之相似的种类稀少的种群对地球面貌的改变，比如说人类，就不会否认蜜蜂的重要性了。蜜蜂为植物授粉，在植物界扮演支配者的角色，这与人类在地球上扮演的角色非常相似。**

从破坏到温和的授粉

显花植物在地球上出现了1.3亿年之久。风是最初的授粉者，这样，植物的交配效率非常低，而且需要大量的花粉。风媒传粉是漫无目的的，多数情况下都不能成功。在无风区域，这种授粉方式根本没有任何作用。

随着花粉营养价值的发现，一些昆虫开始取食花粉，虽然它们只是简单的吞食，顺便携带了一些花粉，但已经是一个重大的进步（图3.2）。通过这些昆虫的采食，足够多的花粉被传输到临近植物花的雌蕊。这种花朵之间优雅的传送方式至今仍由吉丁甲（一种甲虫，又称玫瑰金龟子）来完成。

从植物的角度看，在可靠地传输花粉的同时又不损坏花朵将更为理想。经过漫长的协同进化*，显花植物在蜜蜂中找到了合作伙伴，它们之间建立了一种理想的合作关系。

1793年，克里斯蒂安·康拉德·施普伦格尔（Christian Conrad Sprengel）在一本书中第一次描述了蜜蜂和花朵之间的合作关系。他把这本书命名为《花的构造和授精本性的揭秘》（*Das entdeckte Geheimnis der Natur im Bau und in der Befruchtung der Blumen*）。直到现在，我们仍惊叹于他的洞察力，但他的努力在当时获得的回报却很少。专业人士完全忽略了他的观点，实际上是攻击他的观点，因为他对纯洁花朵的性行

---

* 协同进化（co-evolutionary）：两个相互作用的物种在进化过程中发展的相互适应的共同进化。

为作了“不庄重”的解释。受到施普伦格尔著作的启发，1860年查尔斯·达尔文（Charles Darwin）亲自用显花植物做了试验：他把花用网罩住使昆虫不能对其授粉，当看到经过这样处理的花朵不能结果后，他得出了这个显而易见的结论。

显花植物形成的授粉系统导致了它们对昆虫的依赖，就像在市场一样，花朵们也要争取它们的“顾客”。

植物为到访者提供数量和质量不同的花蜜，花粉的含量也因花而异，甚至花蜜的温度都有可能是植物提高质量的一个很重要的指标。至少，熊蜂（图3.3）就喜欢温度高的花蜜，在获得以碳水化合物形式存在的化学能的同时，也可以获得直接的物理热量。如果让蜜蜂在温度不同的花蜜之间选择，她们的表现也许不会和熊蜂有太大差异，也更喜欢提供温暖花蜜的花朵。

在花朵“市场”上，许多卖主关注于蜜蜂的视觉和嗅觉上。随着供蜜蜂同时采集的竞争者数量的增多，对蜜蜂使出某些具有特殊吸引力的招数就显得愈发重要。蜜蜂的区分能力强弱和范围大小决定了这种特殊吸引力的大小，第4章我们会对这

3.2 今天，吉丁甲被称为花朵骑士，因为昆虫最初与植物形成的关系是：它们吞吃了花朵。吉丁甲的头盾形成一个铲子，在它们把花朵切下之前用于尽可能多地收集花粉。

些细节进行详细的描述。

随着授粉的有害昆虫的明显减少，植物们重新配置了胚细胞的外表，在胚细胞的外表轴向配置了花的某些部分，用来保护胚细胞及内部成分不被风、雨以及只把花粉当作食物的害虫损坏。这样，花朵将采取与众不同的视觉和嗅觉方法来招徕顾客。

在世界的大部分地区，蜜蜂是显花植物最重要的授粉者。但是，绝不是只有蜜蜂才能扮演这种角色，苍蝇、蝴蝶、甲虫以及其他与蜜蜂有关的膜翅类昆虫（如独居蜂、黄蜂、熊蜂），甚至蚂蚁都能为植物授粉。没有多少花只依靠一种昆虫来授粉，虽然蜜蜂的授粉效率是最高的。全世界80%的显花植物靠昆虫授粉，而其中85%靠蜜蜂授粉，90%的果树靠蜜蜂授粉，共有约170 000种显花植物靠蜜蜂授粉。如果没有蜜蜂的传粉，约有40 000种植物会繁育困难、濒临灭绝。全世界的花仅靠9种蜜蜂来授粉，而在欧洲和非洲的大多数显花植物，只有一种蜜蜂授粉。这个在授粉者与顾客间数据上的极端不平衡是显而易见的，这也说明了蜜蜂在这些地区取得了多么大的成功，她们的竞争者并没有多少生存空间。

3.3 熊蜂正在采集花朵里的花蜜的热敏照相机照片。熊蜂更喜欢含有温暖花蜜的花朵，蜜蜂可能也是如此。

这就是动物界的全球化和垄断吧。

事实上蜜蜂可以为她们的竞争者好好地上一课，那就是勤奋。一个蜂群每天可以访问数百万朵花。由于蜜蜂把新发现的花区互相通告，所以可以实现快速的访问，几乎每朵花都能访问到。蜜蜂也是利用各种花型的好手，这样，所有类型的花都有相同的访问机会。

在对花进行全面访问时，蜜蜂能快速招募到相当数量的采集队伍，单个蜜蜂和蜂群都具有极强的适应性，以应对田野里花朵情况的改变，这些都使蜜蜂成为花的理想搭档。花竭尽全力使它们能成为蜜蜂感兴趣的对象。把花粉奉献给到访的昆

虫已经不是什么新鲜事了，但是蜜蜂并不是粗暴地把花粉带走，花粉只是简单地黏附在她们体表浓密的具有分叉的毛上（图 3.4）。

有了这些可靠、体贴的花粉运输者，花朵产生的花粉就比那些依靠风来传播花粉的花朵少得多，而且肯定也比依靠吞吃花朵的甲虫传播花粉的花要少。

因为花朵这时把它们的花粉产量控制到最小，蜜蜂进化出了能进行高效采集和运输的装置。前、中、后足同时工作，形成了一个坚固的花粉采集装置，这对每个自动采集者都是公平的。在采集快完成时，她们的后足外侧就装上了一团大花粉球，靠胫节边缘排列的刚毛形成所谓的花粉篮，花粉团就被装载在其中（图 3.5）。

3.4 许多花粉粘附在蜜蜂的体毛上。

甜蜜的诱惑

在与花的协同进化中，蜜蜂除花粉运输外其他方面并没有进化。蕨类植物很早就在地球上出现并大量繁殖，它们能分泌大量甜美的筛管汁，这是光合作用的副产品。相比蕨类植物，显花植物更慷慨，它们不仅保留了这个功能，而且用副产品做成花蜜供蜜蜂食用（图 3.6）。

为了得到这种充满诱惑力的营养来源，蜜蜂进化出了适合的口器，并将一部分肠道作为花蜜的储存容器，在体重 90 毫克的蜜蜂体内，这种容器能容纳 40 毫克花蜜，几乎达到其身体重量的一半。储存器里的物质是整个蜂群的公共财产，蜜蜂个体只需要她们所收获花蜜的很少一部分，当需要时，花蜜就通过蜜囊

3.5 工蜂将花粉刷集起来，装在后足的花粉篮里，准备回巢。一只工蜂每次能采回 15 毫克的花粉，一个蜂群一年能采回 20～30 千克的纯花粉。

和中肠之间的小阀门进入中肠。

花朵们为了吸引蜜蜂的注意可谓无所不用其极。一朵樱花每天能生产 30 多毫克花蜜，而一棵樱花树几乎能生产两千克花蜜。一只采集蜂一次飞行能带回 40 毫克花蜜，相当于一朵樱花一天的产量。一朵苹果花每天只产2毫克花蜜，而一只采集蜂的蜜囊可容纳一朵花 20 天所产的花蜜，所以采集蜂需要采集大量的花朵。但一只蜜蜂不必只访问2朵樱花或者 20 枝苹果花来填满蜜囊。每访问一朵花，蜜蜂只能带走当时可采的所有花蜜，而当她离开后花朵仍在继续分泌花蜜。估计一只蜜蜂一天要访问 3000 朵花（图 3.7）。

3.6 一只罕见的同时采集花粉和花蜜的采集蜂，口器上挂着一大滴花蜜。采集蜂将吞入这一蜜滴，并将其储存在蜜囊，回到巢内之后，反吐出来，混入酶类，交给内勤蜂，贮存在巢房内。

这个数字指的并不是3000次从蜂巢到食物源的来回飞行，因为采集蜂在一次飞行中可以访问许多花。从这个意义上讲，蜜蜂是有懒惰倾向的。采集蜂每次访花时得到的花蜜越少，她们光顾花朵的数量就越多。

一朵花并不会按照蜜蜂的意愿无穷尽地提供花蜜。生产花蜜只是引诱蜜蜂的一个策略，这意味着植物将把体内的原材料和能量投资到花蜜这种商品中去。从植物的角度出发，为了能得到更频繁的访问，成本-收益评估表明逐步分泌花蜜是更有效率的方法：用耗能最少的花蜜得到大量的访问和飞离，使花粉更

有效地传播。然而，花朵们也不能太过吝啬，因为如果这样的话，顾客就会转而投向更慷慨的竞争者。

勤劳的蜜蜂

在交配期，蜜蜂必须离开她们舒适安全的家，更频繁地去获取食物和能量。采集蜂承担勘测飞行、建立覆盖蜂巢周围地区食物网的任务。每朵花都毫无例外地被搜罗进网中。

对大多数显花植物而言，这意味着它们不需要再依赖其他授粉昆虫。根据一只蜜蜂飞行的最远距离计算（直接飞行大约10公里），理论上一群蜜蜂最多能覆盖蜂巢周围400平方公里的区域。不过只有在巢内吃饱的蜜蜂才能飞到这个距离，也只有对花蜜极度需求时她们才会这么做。经过如此长距离的飞行后，蜜蜂的能量将几乎耗尽。在大多数飞行中，采集蜂只会飞离蜂巢2~4公里。这是综合考虑飞行所需耗费的蜂蜜与所采集回来的花蜜之间的得失后所作出的选择。

采集期是蜜蜂一生中最具挑战的时期，所以采集蜂显著睡眠状态的发现和描述也就很正常了（图3.8）。年幼的蜜蜂睡眠时间很短而且不遵循日夜交替的规律。而采集蜂的睡眠时间要长很多且仅在夜晚。蜜蜂一般在巢里睡觉，但巢外有时也能看见睡梦中的蜜蜂（图3.9）。她们睡觉的姿势是：肌肉放松，触角下垂，足折叠在身旁。与其他生物一样，很难解释采集蜂为什么必须睡觉。但很明显，睡眠是她们进行巢外活动的生理需要。

花朵并不是在蜂群所在区域的任何时间和地点都能找到的。根据地理区域不同，花朵要么是季节性的，只在开花时到处都有；要么是全年开花的，但集中在一定区域。

上面的第一种情况出现在温带，

3.7 半天时间内一只蜜蜂访花的情形。一只蜜蜂一天能访问3000朵花，这主要是因为大部分花朵产生的花蜜都很少，蜜蜂在每朵花停留的时间都有限。

3.8 夜间，工蜂大多在巢脾边缘安静的地方睡觉。

3.9 偶尔也可能在田间花朵上发现睡觉的采集蜂。

第二种出现在热带。不管她们所处环境的性质如何，蜜蜂发现和采集食物都可能遇到一系列问题。花朵的分布具有区域限制，开花时间更是蜜蜂们无法预料的，这将使同一地区蜂群之间的竞争升级。这种情况以热带开花树木为代表：它们生长在花朵很少的绿色海洋里，一年中蜜蜂们有时在这里找到开花的树，有时又在那儿。在这种条件下，蜜蜂进化出了独创的交流方式，以方便采食。当蜜蜂从热带迁徙到温带时，她们已经做好了充分的准备。为了有效开发花源，蜂群还进化出一种根据某一地区花的产量来精确分配采集蜂数目的能力。有吸引力的和丰硕的食物源会被频繁地访问，贫瘠的食物源虽然不会被忽略却只有少量蜜蜂访问。而被采光了的食物源则根本得不到访问。

多少？哪里？

如果人类想根据可用的花蜜和花粉使收获最优化，并让劳动力分配最合理，必须依靠丰富的田间食物源的产量信息才能制定出相应策略。而且，环境是一直在改变的，所以不停地更新信息必不可少。也需要大体估计储存的食物量，因为如果食物充足，那么对采集的需求就少多了。

充当采集蜂角色的蜜蜂数量波动很大，采蜜和采粉的比率分配也是变化的。同时采集花蜜和花粉的蜜蜂只占采集队伍很少的比例（最多只有 15%）（图 3.6），大多数采集蜂要么采蜜要么采粉。

蜂群中没有一只蜜蜂对供求情况具有总体认识，或担当分配劳动力的任务。然而，科学家的观察和实验表明，蜂群中的采集队伍是用最合理的比例分配的。既然没有一只蜜蜂能对全部情况有哪怕一点点了解，那这是怎么做到的呢?

答案在于分散、自我组织和分配机制。分散意味着没有权威来“发号施令”。自我组织的意思是，个体之间通过许多微小的交流，实现了如同一个整体般的劳作。这些微小的交流用于交换田野里花朵的单个信息。就这样，蜜蜂在横跨数百平方公里的地区撒下大网，发现有价值的蜜源时就收紧网，否则就撒开网。侦查蜂常常占飞出巢房蜜蜂的5%~20%，她们不断搜寻新的食物源并且将新的发现和同群的伙伴们分享。

一个蜂群中，为满足更大需求的采集努力不是通过增加已经很活跃的采集行为来控制的。不同个体的采集强度也不相同，有满足于每天只进行普普通通的3~5次采集的懒家伙，也有每天采集10次或更多次的工作狂。只有通过对她们行为的长期观察，才能发现蜂群中表面上相同的个体之间不同的个性。通过把黏附有射频识别(Radio Frequency Identification, RFID）的微型芯片放置于刚羽化的每一个蜜蜂的胸部背板上，就可能掌握蜜蜂一生的行为(图3.10)。在这个“透明的”蜂群中，我们能观察到蜜蜂个体各个方面的性格（勤奋、懒惰、平和、好斗、寻暖和喜冷等等)。然而，蜜蜂个体间的差异是相对较小的，因此不能通过这种方法来解释蜂群行为大幅度的动态变化。飞到有利可图的采食地的采集蜂数量的增加常导致采食网的收紧。不活跃的采集蜂的存在，以及根据需要的数目分配是蜂群为何在没有“领导”的情况下仍能最优化开发花源的秘密。数百个活跃且成功的采集蜂就能动员整个蜂群中三分之一的蜜蜂。

蜜蜂和花之间的协同进化使它们之间形成了一种不是以互惠互利，而是以互相盘剥为特征的关系。这就建立了一种螺旋走向的解不开的交错关系，蜜蜂没有给其他昆虫留

3.10 在刚羽化的工蜂胸部背板粘贴微型芯片，可以观察到工蜂终生的采集活动，这样就可以了解蜜蜂个体之间的不同行为，研究影响采集运动的因素。

下更多的生存空间。留给其他竞争者的机会之一是蜜蜂开始采蜜时的温度。气温低于12℃时蜜蜂就不能飞行，这为竞争同样花朵的熊蜂提供了机会，后者在7℃时还能飞行，这一特性使它们获得了别的昆虫无法干扰的绿色通道。

树脂是蜜蜂采集的第三种重要的植物源产品，她们把它转换成蜂胶，用于修补巢的内部和周围。蜜蜂采集的树脂中只有少部分是来自花的，大部分采自树芽、果实或者树叶（图3.11）。植物似乎没有一种特殊的部位能迎合这种需要，但是不能排除这种可能性。

就像整个蜂群一样，单个蜜蜂的采食能力和一系列变量有关。了解一个蜂群全年的采食行为就可以简

3.11 少数蜜蜂专门从植物上采集树脂，然后把蜂胶装在她们的后足上带回蜂巢。

便地得知其采集能力，当然这与蜂群的大小是密切相关的。

一个典型蜂群的采蜜近似量可以用如下方法估计：

- 一只采集蜂的蜜囊能运输20～40 毫克花蜜；
- 一只采集蜂每天可以完成 3～10 次飞行；
- 一只采集蜂的采集时间在10～20 天之间；
- 一个蜂群每年分配 10 万～20 万只采集蜂。

根据以上数字，我们能计算出最大和最小预期采蜜量：

- 最小值：20 毫克 × 3 次 / 天 × 10 天 × 100 000=60 千克蜜
- 最大值：40 毫克 × 10 次 / 天 × 20 天 × 200 000=1600 千克蜜

花蜜酿成蜂蜜的转化率大约为50%，所以每群蜜蜂每年能产30～800千克蜂蜜。

这里得出的最小量可能偏小，而最大量又偏大。这些数据只是给出了一个范围，蜜蜂的真实采集量和产蜂蜜量一定在这个范围之内。在第8章，我们将继续分析原料的采集量，这对蜂群是非常必要的。

一个中型的蜂群每年采集大约30千克花粉，对“无足轻重”的花粉来说，这是一个令人震惊的数字。

一个蜂群能采集数百克蜂胶。

4

关于花，蜜蜂知道些什么？

蜜蜂的视觉、嗅觉和空间定向能力，以及她们之间大部分的交流，都是围绕着显花植物进行的。

花粉和花蜜是蜜蜂的自然可再生原材料，是蜜蜂群落构建和发挥功能的基础。

花朵不总是现成的，也不可供无限制采集。它们是不可替代的资源，是蜜蜂群内以及和其他昆虫竞争的目标。为此，蜜蜂们已经进化出了某些令人震惊的能力，使得她们能优先发现和采集到花朵。

知识就是力量，这句格言对蜜蜂同样适用。但关于花，有哪些知识蜜蜂必须知道呢？她们在哪儿获取信息呢？

大体上，蜜蜂有三条途径去获取信息：

- 包含于基因组中的遗传信息（本能）
- 靠经验获得的信息（学习）
- 从种群中其他个体处得到的信息（交流）

感觉器官为学习和通讯提供了和环境联系的必要途径。感觉器官并不是通向世界的被动窗口，相反，通过神经系统的感觉整合中心，它们建立了具有重要生物学意义的信息分类目录。但在有些环境里，这些信息分类可能与客观存在的事实不尽相同。颜色是感觉某些非客观存在的一个例子。包括自然光线在内的电磁波是连续光谱的一部分，只有能刺激动物感觉细胞的那部分才能作为光被感知。通过不同的接受细胞感觉不同区间的光波，动物的感知世界中就有了颜色。在生物进化过程中，颜色范畴依赖于生物体的感觉系统，生物体本身则依靠感觉系统实现生存和物种的延续。

蜜蜂的感觉世界很好地适应了花朵所传递的信息。花朵通过它们的颜色在万绿丛中显现出来——蜜蜂能看到颜色；花朵散发着香味——蜜蜂进化出了灵敏的嗅觉。

蜜蜂对颜色有天生的感知力。在各种颜色的花中选择，蜜蜂通常会飞向蓝色和黄色的花朵。蓝色和黄色的色调在花朵中出现的频率非常高，许多其他花朵的颜色中包含蓝色和黄色波长的元素。

在学习的过程中，对蜜蜂最重要的是将不同的颜色赋予不同意思的能力。通过经验学习这种技能对蜜蜂来说起着主导作用。因为自身的学习能力，蜜蜂在昆虫界占有特殊的地位。通讯，同物种不同成员间最高层次的信息流，在蜜蜂中也是高度发达的。

对颜色的天生感知、从经验中学习的能力以及信息交流能力形成了蜜蜂智慧的基本三要素。我们特别详细地观察了蜜蜂的“花朵知识”。

为了进一步了解蜜蜂在搜寻和采集花朵过程中的复杂行为表现，把与蜜蜂访问花朵相关的行为细分成几个不同功能的步骤将十分有帮助。

采集蜂有效开采花朵资源的必要步骤如下：

- 辨认花朵
- 区分不同花朵
- 辨认花朵的状态
- 确定怎样才能用腿和口器进行更有效的采集
- 确定花朵在田间的地理位置
- 确定各种花朵每日流蜜高峰期的时间表
- 通过通讯系统与同伴共享信息
- 接收并理解由通讯系统获得的花朵方位的信息

世界不仅仅由花组成。蜜蜂碰到一个问题？

蜜蜂怎么区分是花非花是不明显的。对她们采集行为的观察表明她们不费吹灰之力就能做到这一点。那么问题在哪里呢？

我们也能区分花朵。但是蜜蜂感知花朵的方式和我们一样吗？

在这一点上，我们可以有一点哲学思考。我们只能从我们的感知来认识世界。在长期进化的过程中，感知是以一种常识为中介的，这种常识是特定物种生存和繁殖的根本。我们的感知通过感觉器官和大脑中对这些感觉信号的处理而发挥作用。这种主观经验不能在人与人之间传播。我们把紫色称为“紫色”是因为我们是被这么教的，但我们不能通

4.1 蜜蜂拥有2只大的复眼和3只小单眼。每只复眼从感知不同颜色和亮度的小点的粗略排列中产生图象。雄蜂（这里的雄蜂是刚从蛹期羽化来的）的眼睛比工蜂和蜂王的眼睛要大。

过另一个人的眼睛观察到这种颜色，以此来确认那就是我们所观察到的“紫色”的感觉。既然这样，我们又怎么能知道蜜蜂大脑里的感觉呢？

通过研究蜜蜂的感知世界和她们大脑的功能，我们可以得到一个确定的印象。将蜜蜂解剖、生理以及行为的研究结合起来，我们知道了花的特征是和蜜蜂的感知行为紧密结合在一起的。

有两个重要的感觉形态在蜜蜂和花朵之间相匹配：视觉和嗅觉。我们对花的总体概念是由颜色和气味决定的。但是蜜蜂用完全不同的方式来感受花。**人的审美感觉随花而动，人类只是对花朵的美丽有感知的鉴赏者；而这些美丽的特征是蜜蜂在与花朵协同进化的过程中赠予花朵的。**

蜜蜂的视觉系统在许多方面与人类不同。她们的每个复眼由大约6000个单眼组成（图4.1）。她们周围的图像由许多非常巨大的分离的单点拼合构成。而我们的眼睛则是由单一视网膜构建了一幅单一的完整图像。

蜜蜂的弱光学敏感度意味着，她们只能在几厘米之内把物体和花的细节更好地感知出来（图4.2）。

在能够认识到视野里哪个斑点是一朵花之前，蜜蜂需要首先检查花的细节。颜色对比使花朵能在绿叶的背景中显著地被识别出来，鸟

4.2 一个物体在蜜蜂视觉世界小点粗略排列的视觉细节，例如她们在飞行中接近的花，只有当它们离得很近时花才会变得清晰。左图：这是蜜蜂从几米远处看到的花的图像。中心：在30厘米处看到的花的形象。右图：花的细节对蜜蜂来说只有在5厘米处才能被识别。

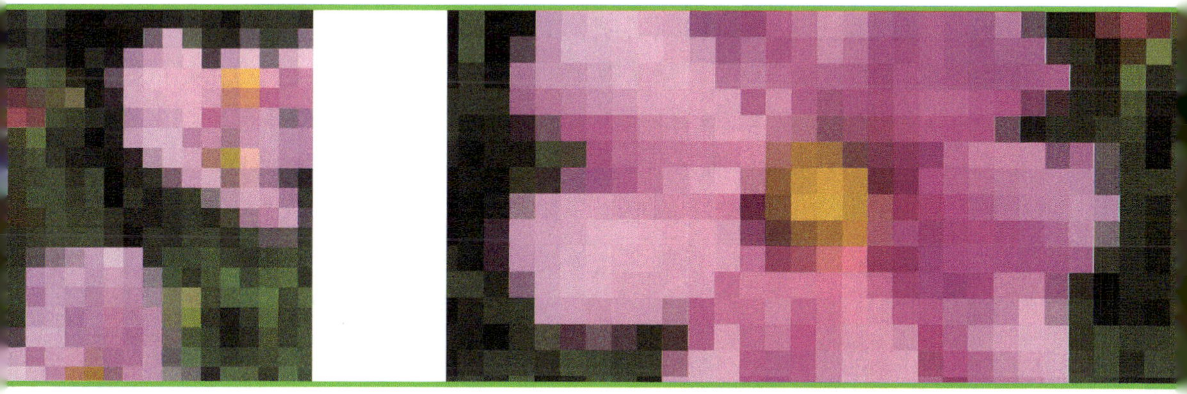

4.3 彩虹告诉我们：人类只能看见太阳的一小部分电磁波。而蜜蜂所能看见的颜色在光谱向短波长转移，红色不可见，但彩虹颜 色光谱的另一端，紫外波段出现在她们的视野里。

类和灵长类也是这样快速识别出成熟果实的，反过来，这对靠吃果实者帮助传播种子的植物来说也是极为重要的。然而，种子被传播之前，花朵必须被授粉者访问。为了确保能被访问，颜色就成了广告。蜜蜂喜欢什么颜色呢？

将人类看颜色的能力与之作一对比是很有帮助的。当彩虹显现时，我们感觉到的最长波长的光是红色光，最短波长的光是紫色光。所有其他光的波长处于它们之间（图4.3）。

蜜蜂对在光谱红色端的光不感兴趣，她们只能非常微弱地刺激蜜蜂的感受细胞。如果一个物体反射

4.4 蜜蜂对长波长的感知是黑色的，反射长波长光线的花朵，在我们看来是红色的，而在蜜蜂眼里则是黑色的。

了不能刺激感受细胞的光，那么它看起来就是黑色的。一个开遍深红色花朵的田野，在蜜蜂看来就是一个被黑色斑点覆盖的区域（图4.4）。对红色敏感的缺乏由对短波长光敏感的增加来平衡，蜜蜂能看到紫外线，而我们不借助工具的话是观察不到的。

许多花的花瓣表面都强烈地反射紫外线，这样就形成了一种我们看不到而蜜蜂却能看到的图案（图4.5）。这种图案可被采集蜂用作地标，可能也是区分各种不同植物花朵的方法。

动物感觉系统这方面的重要性可以用其与生物学背景上的关联来

4.5 许多花有反射紫外光的花瓣。所以，蜜蜂感觉出来的视觉样式（右图）和人类的（左图）不一样。

4.6 快速飞行的蜜蜂是色盲。在这种情况下颜色信息较不重要，所以不被处理。人在经过一片彩色的花（左图）时看到的是虽然模糊却依然有颜色的图案（中图）。相反，一只蜜蜂以相同速度飞过同一个领域将察觉到：①由一些粗略排列的不同强度的小点组成的图片；②清晰的图片；③ 黑白的图片 （右图）。

解释。蜜蜂在飞行中用日光中的短波长光来定向。花朵用花瓣反射短波长的光线作为吸引信号，就是利用了蜜蜂视觉灵敏度的这一特点。

这样情况就更复杂了:蜜蜂所见的颜色主要由光的波长和她们飞行的速度来决定，后者是我们所难以想象的。甚至蜜蜂执行不同的行为任务，也会导致产生不同的色觉。

当蜜蜂越过大片田野时,她们的飞行速度是每小时 30 公里。在这个速度下,蜜蜂的色觉就关闭了,这时她们变成了色盲（图 4.6，右）。

直到她们慢下来围着花朵打转的时候色觉才恢复，这个现象具有重要的生物学意义。对一只正在高速飞行的蜜蜂来说，物体的颜色明显是不重要的信息。在高速飞行过程中，蜜蜂必须把她们小型脑子的注意力集中在更重要的事情上，比如对周围事物结构细节的认识等：障碍在哪里？确认方向的地标在哪里？对蜜蜂来说，一个接一个没有颜色的物体和结构的详细视觉信息，比那些我们在高速运动中看到的有颜色但很模糊的景色更加重要。

像许多其他昆虫一样,蜜蜂以慢动作看物体。对我们来说很模糊的快动作能被蜜蜂分阶段看得一清二楚（图 4.6，右）。**许多害怕蜜蜂的人驱赶蜜蜂或黄蜂时手突然的移动，往往更容易招来攻击。人的嘴巴容易被蜇，主要是由他们说话时嘴唇的运动造成的。**

就连飞行目的地本身也对蜜蜂分辨颜色的能力造成影响。对蜜蜂

来说，从蜂巢到取食地的飞行和从取食地到蜂巢的飞行是两种不同的情况，这不仅仅是因为方向不同。接近一朵花时，蜜蜂表现出很强的辨别颜色的能力。结束了对花朵的访问后，她们满载而归，这时色觉就不那么重要了。要训练蜜蜂飞向她们刚刚采集完毕后飞离的地点的颜色是很困难的。和这种情况一样，在回家的路上，蜜蜂即使慢速飞行，也在分辨颜色上有困难。然而，识别和分辨光学结构的这种高度进化的能力，是不受飞行的最终结果影响的。被涂成五颜六色的蜂箱可以吸引人类的眼球（图 4.7），但是当测试蜜蜂分辨蜂箱颜色的能力时，她们的表现却令人大跌眼镜。她们只识别蓝色，喜欢蓝色胜过其他颜色，而不能轻松地辨别出其他颜色——这就和她们在采食地点能识别不同颜色间最细微差别的情况大相径庭。如果用垂直或横向的栅条图案来标记蜂箱，蜜蜂就得到帮助，准确地找到了蜂箱的位置。将有颜色的图片和有特别诱惑力的东西放在蜂箱门口——一种许多地区都在采用的经典蜂箱装饰——这对人和蜜蜂都是最佳的，因为这为蜜蜂提供了可识别的模型，也为人类观察者提供了赏心悦目的图案（图 4.7）。

4.7 用彩色图片（上图）装饰的人造蜂箱对蜜蜂来说比简单的颜色区域能提供更好的定向援助（右图）。

行为的语境在这里表示蜜蜂飞往取食地或飞回蜂箱的相反情况——决定了蜜蜂飞行的经验。

除了快速飞行外，当蜜蜂需要识别其他快速飞行的同伴然后跟随她们时，对快速飞行图像的视觉也是非常重要的。比如说，当交配行为发生时，工蜂伴随着一只蜂王进行交配飞行，或者像第5章里描述的那样跟着雄蜂飞行。同样地，分蜂时，蜜蜂要结队去一个新的地点，或者，小分蜂群的新采集蜂跟随有经验的蜜蜂飞往采食地。

花朵是固定的，所以蜜蜂对运动物体的高度视觉敏感就很令人惊讶了。当蜜蜂蜂群接近花朵时，不同的植物物种为得到蜜蜂的访问而竞争。较大的和色彩较丰富的花朵对蜜蜂更有吸引力，所以在竞争中能吸引到更多的采访者。然而，在这种情况下，开小花的植物能吸引蜜蜂吗？小花通常由较灵活的茎来支持，轻轻的微风就能把它们吹动，从而吸引蜜蜂的注意（图 4.8）。

4.8 在纤细茎上的小花随着最轻微的微风摆动，吸引蜜蜂的视觉动作检测系统。这样，尽管它们尺寸较小、颜色苍白，但仍会被注意。

花朵不仅色彩丰富，而且用甚至我们都能闻到的独有气味来吸引蜜蜂的注意，蜜蜂又是花朵最重要的目标群。蜜蜂的“鼻子”是由几千个感觉细胞在她们的触角上组成的，在电镜下，我们能看到这些感觉细胞的差异（图 4.9）。

花的味道在很远的地方就能引诱蜜蜂，相反，它们的视觉形象只有

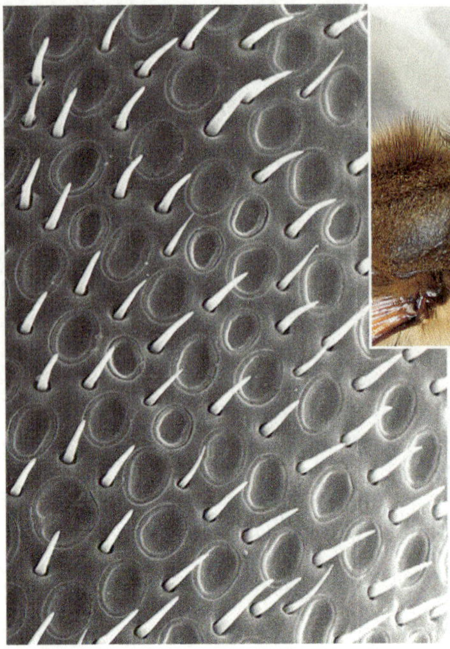

4.9 蜜蜂的触角布满了各种各样的感觉接受器。对触觉、温度、湿度和最重要的嗅觉的感受细胞都位于这里。不同的数以千计的感受器的出现，反映了它们敏感性的广度和多样性。放大400倍就能看到其中一些不同形式的感受器，如左图所示。

在蜜蜂飞得很慢、离得很近时才能被感知到。在无风的情况下，花的气味不能很好地扩散开来，这就不能帮助蜜蜂很好地定位；当空气流动起来并把气体分子传播开来时，就能引导蜜蜂到目的地去。总体来说，蜜蜂逆风降落到花上。这和人类飞行员逆风着陆以减慢飞机降落速度的策略没有关系；寻找花蜜的蜜蜂只是跟随着气味来到采食地点。不知道花朵具体地点但事先嗅到了采食地气味的采集蜂，可以根据从花流往巢房的气味很快找到目的地。在这种情况下，她们会在空中打转，直到遇到能把她们引到采食地点的带有食物气味的微风。

当花非花时

“外观”和“气味”的特征能以不同的方式结合。色彩、形状和气味互相补充形成一种花独有的特点：蜜蜂可以分辨这个特点并利用它来区分不同种类的花。这种区分能力是一种叫做“花朵专一性”(flower constancy)现象的先决条件，这个现象对蜜蜂和花朵都非常重要。采集者并不像蝴蝶或苍蝇那样毫无区分地采访每朵路遇的花朵，而是优先访问她们每天开始工作时访问过的那种显花植物（图 4.10）。

对植物来说，这种花的专一性有着重要的优势，因为它们的花粉不会浪费在其他物种的花朵表面上。对蜜蜂来说，花的专一性就使蜜蜂适应了采访过的花朵的类型，使快速得到花蜜成为可能。

原则上讲，色彩、形状和气味可以形成无穷尽的不同组合。蜜蜂基因组的储存能力不能达到为其提供所有可能花朵的完整信息的程度。然而，蜜蜂却有由基因决定的、学习构成花朵特色的视觉和嗅觉组合信息的能力。

蜜蜂的这种学习能力是高度发达的。一种特殊气味的单一经验能够被习得并以 90% 的确信度区分于其他气味。这一点对单纯的化学气味和包含其他成分的气味都适用。闻过一种气味两三次以后，蜜蜂几乎就不会犯错误了。这种学习的能力是气味感知力高度重要性的基础。

形状和颜色不如气味学习得快，要经过三到五个阶段才能熟练。

蜜蜂学习和辨别气味和视觉刺激的能力卓越，在实验的情况下（图 4.11），相当于一些低等脊椎动物的能力，甚至还有一些“智能”的抽象加工能力（其生物学意义还不是很清楚）。比如：不管自身的朝向如何，飞行中的蜜蜂都能够识别特殊的图

4.10 虽然邻近的地方有的花也值得采访，但却被蜜蜂忽略了，蜜蜂表现出花朵专一性并持续采访同一种花。在这里展示的花蓝色和黄色混杂在一起。采集开始于黄色花上的蜜蜂忽略了旁边的蓝色花（上图），而从蓝色花开始采集的蜜蜂则从黄色花旁边飞过（下图）。

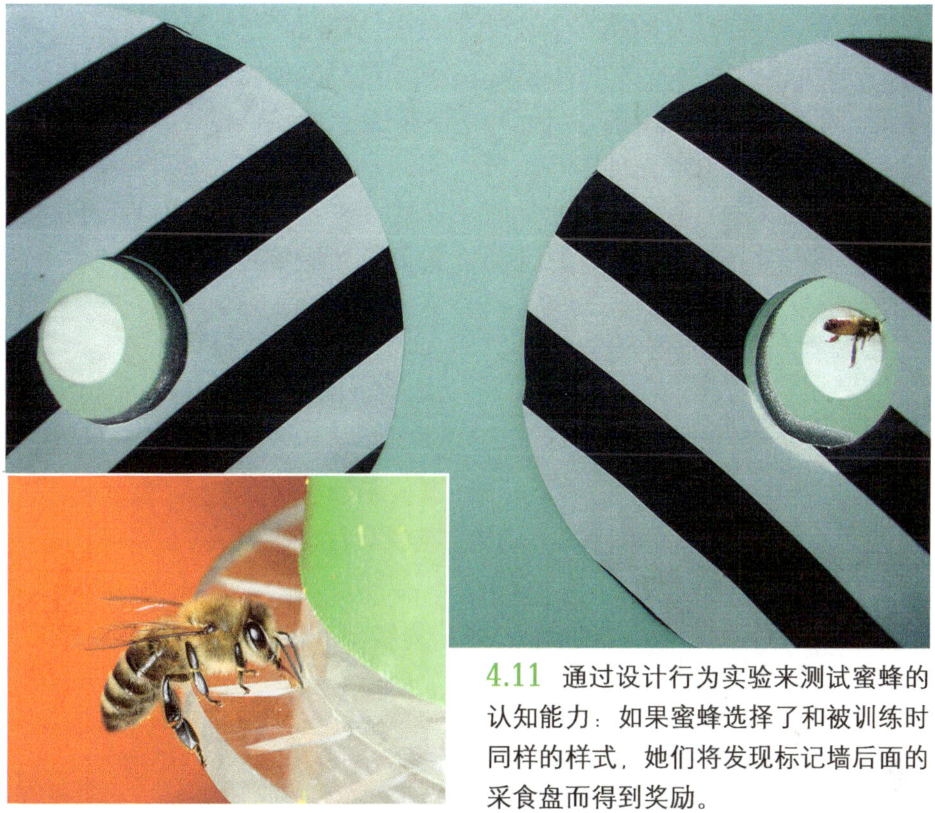

4.11 通过设计行为实验来测试蜜蜂的认知能力：如果蜜蜂选择了和被训练时同样的样式，她们将发现标记墙后面的采食盘而得到奖励。

案；经过训练后，蜜蜂能够分辨“左”和“右”、“对称”和“不对称”，还有“奇数”和“偶数”等抽象概念。蜜蜂能区分“多”还是“少”，这被认为可能和简单的计数有关。蜜蜂能从经验中得到确定的行为准则，然后应用到新的环境中去。举个例子，在迷宫实验中，当迷宫中标记适当的信号时，她们能够非常快地学会跟随这种信号找到出口。

更强大的是：蜜蜂可以快速学会将不同的地点、时间和特殊的判断联系起来。不同地点的花在一天中的不同时间会产生不同数量的花蜜，蜜蜂若要计划最有效的采食行动，这就是一个需要被考虑的因素。蜜蜂将按照每天的计划，在适当的时间和适当的地点采取正确的行动（图 4.14 和图 4.15）。

这是发挥到极致的“蜜蜂智能”。

花里有花蜜吗？

一只寻找花蜜或花粉的采集蜂不会飞到每一朵花里，而是在外面打转。最省时、最节能、最优的搜寻策略不是搜寻每一朵花，这一点不是一下子就能看出来的。蜜蜂面临的问题与那个著名的策略计划游戏一样，这个游戏要求你为推销人员设计访问客户的最有效方法。然而，蜜蜂是被先前访花的采集蜂留在花朵上的“信息”所引导。有许多采集蜂在采集区域采集花蜜，花朵需要时间去补充被采完的花蜜，使其重新储备起来。**采集最后一滴花蜜的采集蜂以化学的“空”信号来标记花。化学信号的消失与花朵补充花蜜储备的时间一样长。接近花的蜜蜂在她们登陆前就接收到信息，不浪费时间去尝试从一朵空的花内采集花蜜。**

通往花蜜之路

花朵样式的多样性给蜜蜂提出了一个实际的问题：每朵花以它自己特有的方式挑战通往花蜜途中的

4.12 花的样式繁多，这向蜜蜂提出了一个决定最佳采集时间和策略的实际问题。

蜜蜂，以保证蜜蜂刷过柱头和花药（图4.12）。障碍物必须被放到一边，并且不同花的蜜腺位于不同的地方。蜜蜂通过反复试验，来发现最快和最节能的方式以接近花蜜，找到最好的策略采集花粉。

蜜蜂通过花朵连贯采集做到对同一类型花的频繁访问，提高采集效率，优化得到花蜜所消耗的时间和能量。

敢问花在何方？

蜜蜂蜂巢有一个固定的地址，过着固定的生活。只要蜜蜂在家停留并在她们有生之年的大部分时间不离开蜂巢，这就不成问题。不过为了维护物质和能量的流动，所以采集蜂别无选择，只能飞进危险的外部世界寻找花源。外出之后她们还必须找到返回蜂巢的路，如果发现了特别丰富的花源采食地，她们必须还能再找到这个地点。

在巢外，蜜蜂使用陆地和天空的线索来帮助自己定位，借助沿途的一个个路标进行导航。为此，她们会使用地形中的树林、灌木和其他显著的特点，视觉和嗅觉是极为重要的。这个定向的方法要依靠蜜蜂作为新采集蜂时在蜂巢附近定位飞翔时熟悉的地域。这些定向飞行的过程一开始只能持续几分钟，蜜蜂每次离开蜂巢后向不同的方向飞去，这样她们就根据周围的情况画出了一幅蜂巢位置的地图。为了能帮助年轻的采集蜂找到回家的路，年老的蜜蜂偶尔站在蜂巢门口，打开在她们腹部后面的纳氏（Nasanov）腺体，释放香叶醇，一种闻起来像天竺葵的化合物，通过扇风行为，蜜蜂把这种物质散播开来(图 4.13)。

向采食地点长距离飞行的蜜蜂将记住她们一路上遇到的路标。

如果你希望穿越一个你未曾踏足的地方，指南针将是一个有用的设备。太阳为蜜蜂提供了一个天空中的路标，她们可以通过太阳的位置来为自己定位。如果看不到太阳，她们则可以使用太阳光穿过地球大气时产生的偏振光来定位。太阳的非偏振光穿过地球大气时就产生了偏振光，如果借助适当的辅助设备，人类的肉眼就可以看出天空的结构。这样的设备，即偏振镜，蜜蜂的眼睛里就有，使她们能区别偏振光和非偏振光。然而，温度和湿度的改变会使空气的密度发生变化，并改变光

4.13 老年蜂腹部的纳氏（Nasanov）腺释放的一种有吸引力的气味，通过扇动翅膀这种方式散发出去，返回蜂巢的年轻蜜蜂根据这种气味着陆。

线的偏振模式。因此只有可靠而且不受环境影响的定向辅助设备才有用，恰好天空中短波长光的偏振模式更稳定些，这样就更适合于用做定向依据。采集蜂需要找到她们回家的路，对紫外线的敏感使得她们可以利用天空中较为稳定的偏振模式，这也是自然选择的明显的进化优势。蜜蜂这种天生的定向本领已经被花探知，很多花的花瓣都能反射紫外线。这就为蜜蜂提供了视觉上的着陆援助，也为蜜蜂能将许多种花区别开来提供了可能。

时间信号

以太阳的位置和天空的偏振模式为天体信号进行定向作用，要求蜜蜂把每日地球自转产生的变动考虑进去。蜜蜂有一种对时间的感觉，可以补尝路标位置连续变化产生的影响，即使是连续飞行间在蜂巢停留几个小时以后的变化也能察觉。再度出巢时，尽管有新的定向相对地点，蜜蜂也会“计算”出原始方向。蜜蜂行为的这个特点使卡尔·冯·弗里希（Karl von Frisch，1886-1982）对舞蹈通信进行了重要思索：整天在相同采食地点工作的采集蜂，早晨和下午向不同的方向跳舞。太阳相对于蜂巢的位置与时间有关，冯·弗里希认为太阳被用来帮助定向。

4.14 采集蜂很早地成功到达她前一天采访过的花。

时间感觉使蜜蜂适应有限的“开花期”成为可能。为了减少自身之间的竞争，某些植物只在一天的某个时段分泌花蜜，而蜜蜂能记住这样的时间表。她们调整访问时间，在正确的时间出现在适当的花上（图4.14）。在蜜蜂访问的地点，即使许多花混杂在一起，蜜蜂也能不仅学会她们应该什么时候出现在什么地点，而且知道在特殊的时间和地点她们应该访问哪一种花。

她们也能迅速辨认出不再有采集价值的食物源（图4.15）。

在好天气里采集的采集蜂，一旦发现原蜜源地点的花朵不再流蜜，就会迅速地将这些记忆删掉，不再访问该地点。另一方面，当恶劣天气

4.15 凋谢的花迅速失去蜜蜂的注意力。

阻止采集蜂离开蜂巢时，她们将记住最近采访的采食地点的位置，并在晴朗的天气立刻回到那里进行采集。学习和“遗忘”完美地适应各种生境。

蜜蜂如何彼此交流花的信息

在珍宝被掠夺之前，蜜蜂必须发现这些花。少数的老年蜂作为侦察蜂出去寻找新花区域，受到这些开路蜂注意的花，将接受从发现以后几分钟到大约半小时内不断增加的蜜蜂的访问。访问数量的增加非常迅速，以至于每只蜂都不能独占自己发现的地点。取而代之的是，最近到达的蜜蜂在蜂巢内就接到了通知，并被招募来帮忙。

发生在“接到通知”和“未接到通知”的蜜蜂之间的通信是高度复杂的，目前人类还未完全了解。它是由一连串在蜂巢内和野外的行为组成。其中只有冯·弗里希发现的所谓的“舞蹈语言”是动物通信当中研究最多的形式。

发现了一棵开花的樱桃树的蜜蜂，将带一些花蜜回巢。她把花蜜转移给接受蜂，然后再离开巢回到那棵樱桃树。这个过程重复多次，每次出行都比上一次更加迅速，据推测，这是因为采集飞行路线变得越来越直接。一旦发现了最快的飞行路线（可能要在多达十次飞行后），蜜蜂就将开始跳舞。

冯·弗里希发现，如果从蜂巢到采食地点的距离不到50～70米，蜜蜂会跳圆舞（图4.16）。

圆舞只包含有关高质量采食地点的部分信息，该指示仅仅提供该去寻找什么以及这个蜜源离巢很近的信息。访问樱桃花回来的蜜蜂闻起来有樱桃的味道，在蜂巢周围飞行几圈之后就能很容易找到樱桃树。

如果食物源在一个离蜂巢更远

的地方，需要飞行更远的距离，那么就需要有关食物源地点的指示。招募其他蜜蜂帮助的蜜蜂用摆尾舞来提供这个信息。人们已经发现，这种舞蹈行进路线的各个方面都包含着指示采食地点相对于蜂巢位置的信息。

摆尾舞中不寻常的顺序步骤非常稳定而有规律，使得她在行为研究领域受到了高度关注。在现代技术（如特写镜头、慢动作录像）的帮助下，如今可以记录到令人惊讶的细节。摆尾舞的过程是这样的：蜜蜂站在巢脾上以大约每秒钟15次的速度从一边到另一边摆动她的身体，然后转一圈回到她开始摆动的点，重复摆尾的“周期”，然后再转一圈，但这一次是从相反方向到起点，因此两次的路径合在一起形成接近侧卧的“8”字的形状（图4.17）。

一个完整的舞蹈周期只持续几秒钟，在直径大约2～5厘米的区域里演示。在慢动作影片录像里，首次发现了微小而迅速运动的细节。这说明摆尾期间蜜蜂在巢脾上跑动的印象，是身体迅速侧向摆动的蜜蜂向前倾斜造成的视觉错觉。蜜蜂在探身前行时用六只足尽可能久地锚定在下面的巢房上，因此她们真正进行的是“站立摆动”而不是“跑动摆动”。有些蜜蜂在寻求更稳定的把手时，或当向前拉伸确实需要移动它们的足时会与巢脾分开一会儿，不过最多移动一到两步（图4.18）。

蜜蜂的舞蹈几乎完全发生在一个紧挨蜂巢入口处的小区域，在这

4.16 （双彩页左上图） 采集蜂发现了接近蜂巢的食物源并且跳起了圆舞。

4.17 （双彩页左下图） 采集蜂发现了一个远处的食物源并且跳起了摆尾舞。

4.18 （双彩页右上图）舞蹈通讯要求跳舞蜂的腿坚定地站在巢脾上。因此跳舞蜂只是“站立摆尾”而不是“跳起摆尾舞”。她的六只足（这里用白色点标记）一直与巢房的边缘接触，这样当她来回摆动时，身体依靠在固定的脚上（箭头）。

4.19 （双彩页右下图） 只有动作和舞蹈者步调一致并且跟随了几圈的跟随者，才能获得有关食物源地点的信息。

个有明显化学标记的“舞池”，舞蹈者会遇到对她们的消息感兴趣的采集蜂。如果把这部分巢脾割去，然后放回到蜂巢里的另一位置，那么在跳舞之前，她们会持续地搜索，直到发现“舞池”的新位置。

舞蹈者和她们的追随者进行着精确设计的芭蕾舞蹈，最多可有十只追随者跟随在每个舞蹈者旁边(图4.19)。

像舞蹈者的运动一样，那些追随者的运动也被精确地编程。蜜蜂足的连续放置和身体的转动是立体的。追随者运动的复杂样式不如舞蹈者明显，只能在对慢动作录像进行分析时探查出。从这样的分析中，我们可以清楚地看到，只有那些追随者正确地执行运动的所有细节，包括每次在往返圆圈内侧绕舞蹈者头部进行运动，才能保证在几轮连续的舞蹈后“及时”跟上。

一般来说，我们怎么描述到达目标的路径呢？一整套的方向可从旅途部分的几个详细描述中构建起来：沿街道走100米到第一个红绿灯，向左走到第二个十字路口，向右走便到了“蜜蜂”酒店。然后在走过酒店以后的第一条街道右转，步行大约200米，就能看到邮局在街道的右边。

这样一套复杂的方向对我们来

4.20 蜜蜂用太阳作为指南针来寻找去往食物源的道路。蜂巢上的路标表明食物源相对于太阳的位置。

说不是问题，却超出了蜜蜂小型脑的能力，而且也没有必要，因为蜜蜂能沿直线飞行。最短的途径可由直接指向目标的单一方向或矢量来描述，并且由它的长度来显示到底有多远（图4.20）。

飞行蜜蜂就使用了这个方法。在耐心观察摆尾舞数个小时之后，冯·弗里希发现，即使从同一个蜂巢出来的同样蜜蜂采访同样的采食点，舞蹈蜂在巢脾上前进的方向在一天中也是不间断地变化的。和摆尾舞方向一起改变的唯一特征是太阳横跨天空的运动。冯·弗里希因此认为舞蹈方向上的变化与太阳在天空中不同时刻的位置有关，而且认为定向信息就包含在舞蹈中。

方向总是相对的，并且必须提供参照物。在蜂巢之外，太阳的位置或者天空偏振模式的角度都是参照物。不过舞蹈发生在黑暗蜂巢之内垂直放置的巢脾上，这里向下的重力方向是唯一的参照物。**在蜂巢之外飞行的蜜蜂可以看到太阳的位置，然后用与重力相关的摆尾舞将这个角度翻译出来，这个角度对应于蜂巢和太阳之间的夹角，这将引导巢内蜜蜂到食物源去**（图4.21）。当天空

4.21 摆尾舞的轨道包含有关从蜂巢到食物源的方向和距离的信息，跳舞蜂在路途中已经对此进行了测量。在黑暗的蜂巢中，重力的方向代替了采集蜂飞行期间记住的太阳方向（插入的箭头）。

阴暗时，天空的偏振模式将带给它们太阳的位置信息。

在摆尾舞中编码方向依赖于一个可用的可靠参照物，譬如可与定向信息相关联的重力。只有蜂巢表面完全垂直悬挂时，通向食物源路径的精确编码才能成为可能。如果没有这个条件，这种形式的交流就不会发生，比如熊蜂、黄蜂、热带无刺蜂等群居性昆虫的巢内没有垂直表面，它们就没有这种交流方式。一些无刺蜂已经被发现能构建垂直排列的巢脾，研究这些种群以观察它们是否也进化出了相似的舞蹈语言就很有价值了。

蜜蜂的摆尾舞也包含了有关蜂巢和采食地点之间距离的信息。对于发现一个采食地点而言，这几乎是一种奢侈。新兵跟随信息所指示的、和舞蹈者气味一样的食物源的方向，依靠自己就能找到目的地。和舞蹈中的方向信息相比，距离信息与下面考虑的许多问题有关。

我们注意到一些确凿无疑的相互关系：在摆尾运动频率基本不变的情况下，舞蹈持续的摆尾时间越长，蜜蜂到食物源的距离就越远。然而，摆尾时间与距离长短只在最初的几百米内成比例增加；在这个距离以外，随着目标越来越远，关于距离的信息就逐渐变得不那么精确了。对一名人类观察员来说，区别一公里和三公里的舞蹈之间差异的可能性很小。

由于蜜蜂在舞蹈交流中应用视觉里程表来决定飞行距离，另外一个困难出现了。由这个里程表提供的数据与蜜蜂飞行环境的结构性质有关。

当飞过一个有结构的环境时，物体的图像在蜜蜂的复眼表面移动。视野中由之形成的“光流”可以帮助蜜蜂确定她的飞行速度。这一点我们也能做得相当好，例如在一列移动的火车上观看经过的图像。蜜蜂还能用光流来确定距离，而这一点我们几乎完全做不到。

一些简单的蜜蜂隧道实验使我们对蜜蜂世界有了更深入的理解。蜜蜂飞行通过一条狭窄的隧道到达

4.22 采集蜂被训练飞过有图案的墙壁的狭窄隧道到达食物源。当她们飞近墙壁时体验到迅速变换的图像序列，其产生的高光流导致飞行的实际距离被摆尾舞不正确地翻译。

采集地点，隧道两边是具有图案的墙壁，通过这种方法，人为的在其短距离的飞行内为采集蜂增加了光流体验（图4.22）。

这些蜜蜂被欺骗，将光流的增加翻译为距离的增加，这造成了一个相应长的摆尾时间。这个对距离评估的欺骗为研究蜜蜂的主观经验提供了新思路，摆尾时间长度的计算来自蜜蜂“认为”自己飞行的长度。

对“欺骗隧道”的应用证实了一些很早就有的想法，反驳了其他观点，澄清了有争议的观点，并提供了以下新观点：

- 反驳了蜜蜂使用能源消耗计算飞行距离的观点。
- 证实了对视觉里程表的使用。
- 证实了一个形成已久的猜想，即距离测量发生在出巢飞行的路上，而不是回巢路上。
- 解释并平息了持续数十年之久的关于摆尾舞的争论：被招募的蜜蜂是否遵循编码于摆尾舞蹈中的信息。隧道使蜜蜂犯错误成为可能，距巢6米的采食地点以30倍的距离表现出来。结果是在采食地点没有发现新招募的采集蜂，而在更远距离的非采食地点发现了新招募的采集蜂。舞蹈中的信息被使用了。
- 通过彩色模式隧道的帮助认识到，蜜蜂复眼中分别和紫外线、蓝光和绿光相互作用的三个颜色敏感视觉感受细胞中，只有绿光的感受细胞被用来测量距离。

隧道蜜蜂舞蹈的简单试验证明，视觉里程表为蜜蜂提供的飞行距离受飞行路线中地形结构的影响。将这个想法进行测试，发现飞经一个平坦地形的蜜蜂舞蹈的摆尾时间较短，而经过同样距离但具有复杂地形结构的飞行路线的蜜蜂舞蹈的摆尾时间较长。如果蜜蜂要飞向距蜂巢相同距离但方向不同的采食地点，她们舞蹈的摆尾时间，即对距离的指示，可能受一两个因素影响而不同。500毫秒的摆尾时间，可能在向南边飞行的情况下表示250米的距离，而在向西边飞行的情况下表示500米的距离（图4.23）。

从这个实验中我们可以得出两个结论：

- 蜜蜂的视觉里程表不递送绝对的距离信息，只有当追随者和舞蹈者飞行相同方向（和高度）时才有用。

4.23 从蜂巢中向不同的方向看，得到的视觉形象很少相同。蜜蜂飞越不同地形激发的不同光流强度导致蜜蜂在田间飞越相同距离而摆尾舞的时间长短不同。

飞行路径

飞行路径

- 需要重新评价这样的想法：对同样长度飞行路线的翻译，不同种族蜜蜂的摆尾舞持续的时间不同，是因为她们的舞蹈语言有不同的“方言”。

比较指示同一飞行路线但蜂种不同的舞蹈时可以发现，摆尾时间只表现出极小的差别。比较同种蜜蜂在不同地貌下指示相同距离的舞蹈时发现，环境依赖性的差异要比物种间变异的显著性大。因此比较不同地貌不同蜂种间的蜜蜂舞蹈时，飞行路线的距离编码受环境的影响大于受蜂种的影响。

在舞蹈时，相对距离信息翻译的标准状态是，舞蹈追随者能够和舞蹈者飞行完全一样的路程。所以，包含于摆尾舞中的方向信息的准确传递和执行中，有着极高的选择压力。

除食物来源的地点之外，舞蹈者还传送关于飞行路线和食物源的其他重要细节。有吸引力的地点对应活泼的舞蹈，在活泼的舞蹈中，舞蹈者很迅速地完成返回到开始状态的阶段；而在较不活泼的舞蹈中，她们相对慢速地回到起点。包含着距离信息的摆尾时间不受采食地点吸引力的影响。

有吸引力的食物源是由什么组成的呢？

许多不同的印象被蜜蜂整合成一张完整的图片，不仅包含食物的质量还有路线的特点：花蜜中高浓度的糖可以提高舞蹈的活力；在飞向采食点的路上遇到的困难，如猛烈的风、来自敌人的威胁或狭窄的入口等，都会降低舞蹈的活力。活泼的舞蹈比不活泼的舞蹈能吸引更多的追随者，把更多的采集蜂带到特定的采食地点。

舞蹈者知道她必须表达从蜂巢到采食地点之间飞行时收集到的相关信息。但追随者们怎么读懂这些信息呢？极慢动作录像提供了可贵的观察结果。舞蹈追随者使用她们的触角从舞蹈的重复运动中探察大量编码方向和距离的信息。

舞蹈者的编舞用大量的动作差异编码不同的方向和距离，追随者用她们有触觉感觉的触角感知这些信息。在舞蹈期间，正确站位的舞蹈追随者站立不动，将她们的触角伸

4.24 在黑暗的蜂巢内，舞蹈追随者的触角犹如盲人的拐杖一样，用来感知舞蹈者的运动。舞蹈者身体有节奏地来回摆动敲打出追随者伸直的触角所接收到的摆动节奏。舞蹈者的身体和追随者两个触角之间相互联系的独特方式刻画出舞蹈追随者相对于舞蹈者的每一个位置。摆尾阶段持续时间的信息（到达食物源的距离）和舞蹈者相对于重力线的位置信息（到食物源的方向）就这样编码出来。

到前方，弯曲呈 90 ~120 度。她们紧挨着舞蹈者，使得后者腹部有节奏地运动触动了触角。在摆尾状态中，当舞蹈追随者站在和舞蹈者成直角的位置时，她们的两个触角会同时被触动；当站在舞蹈者正后方时，两个触角会轮流被触动；在这两个地点之间将有相应的触角触动的不同组合（图4.24）。舞蹈者在跳摆尾舞时向前倾斜，而舞蹈追随者站着不动，所以触角的触动方式将以一种可以想象的方式变化。每个舞蹈追随者都了解她自己在巢脾上的位置，因为她有重力探测器（►图7.12）。如果她把接受到的触角触动的模式与自己的空间取向信息结合起来，就能确定舞蹈者在巢脾上的姿势。编码飞行距离的摆尾时间对应于舞蹈追随者触角的刺激时间。

关于这些交互式的舞蹈，还有问题没有解决。我们对舞蹈者的位置和舞蹈追随者之间的联系有了明确的认识，并且现在知道了由此产生的触角触动模式。但触角触动被当作信息使用这一点仍然有待进一步证实。

跳舞的和追随的蜜蜂在（也许是她们故意标记的）化学可辨认的舞池上相遇（►第7章）。既然关于食物来源地点的消息很可能通过触角接受，那么这个过程中重要的一环就缺失了：在繁忙、拥挤并且黑暗的舞池里，感兴趣的蜜蜂怎样才能找到舞蹈者呢？

高科技的听觉检测手段结合对摆尾舞物理细节的行为观察，在认识巢脾振动的重要性中起到关键作用。舞池中的化学物质能够把交流的同伴引到相同的区域，巢脾的物理性质则负责引导同伴直接接触。黑暗蜂巢中的巢脾振动指引着已经在舞池聚集的跟随者来到舞蹈者身边。这些振动通过加厚的巢房上缘传递开来，在巢脾表面形成一张“网”，这在第7章还有描述（图4.25和►图7.23）。

蜜蜂通过她们拥有的强有力的胸部飞行肌组织产生振动。蜜蜂将肌肉开足马力，但把翅膀收起以使移动幅度较小。在跳摆尾舞的过程中，飞行马达没有连续收缩和放松，而是产生在许多情况下与腹部最大幅度的左右摆动同步的脉冲。这些振动的基本频率在230～270转/秒。

对人类观察者来说，在某些情况下能够看到“沉默”舞蹈，这看起来和没有飞行马达的情况下发生的振动没有不同之处。沉默的舞蹈者不能吸引其他蜜蜂，因而没有采集蜂被召集。显著的摆尾动作显然作为机械策略，以把肌肉产生的振动通过足传递到巢脾上。一位轻量级舞

4.25 薄的蜂蜡巢房壁的上缘是加厚的，这些结构在巢房壁上沿表面形成了一张连续的网。

蹈者站立甚至跑过巢房时都不会通过她细小的足来转移能量。然而，在摆尾运动期间，蜜蜂用她的足紧紧地、左右交替地抓住巢房边缘。在摆尾动作反向进行时这种压力是最大的，因为那个时候蜜蜂必须尽最大力量抓住巢房边缘。也正好在这个巢房边缘承受压力最大的时刻，振动被引进巢脾。蜜蜂用振动脉冲来加重腹部每一次的反方向运动。

与嗡嗡的蜂巢内持续且强有力的背景噪声相比，舞蹈者产生的振动信号是很微弱的。自然或人工的通讯系统设计的目的都是希望能够达到最大可能的信号，相关的信息要在存在背景噪声的条件下仍能被识别。在蜜蜂蜂巢内，大声嗡嗡叫是连续的，在这样的噪声背景中，从一只摆尾舞蜜蜂发出的振动信号太小了，无法被发现。

感兴趣的蜜蜂是怎么察觉高背景噪音中微弱信号的存在呢？更不用说地点了。这里，巢房振动的物理特性是很重要的，详细的内容将在第7章解释。看来，蜜蜂以她的六条腿通过巢房边缘探察水平平面的振动模式（►图7.27），这种模式显示了跳舞者相对于她的距离和方向（图4.26）。

巢脾振动只用来将追随者导向舞蹈者，不包含有关采食地点的信息。

尽管舞蹈语言已为人所知，许多重要问题仍然有待回答。有一些与摆尾舞和食物来源地点有关的令人惊奇的反常现象：

4.26 在黑暗的蜂巢内，感兴趣的蜜蜂通过巢房壁的二维振动模式从远方察觉出舞蹈者的位置。这里用白色描绘出轮廓的巢房壁向相反方向运动，所有其他巢房的巢房壁都向相同的方向运动（►图 7.27）。蜜蜂用她们的足来感知巢房壁的振动。一旦她们感觉到这种信息（就像在这幅图片里，蜜蜂接触到白色勾画出的巢房），她们的头就转向舞蹈者的方向，旋转自己的身体跑向她，并加入舞蹈追随者的行列。在这种方式中，舞蹈者能在多远距离被察觉出来极大地取决于舞蹈发生处巢脾的物理构造，舞蹈者的振动导致了巢房的摆动模式，其自身的图像因快速的运动而变得模糊。

- 即使为同样的目标，连续摆尾时段的方向也互不相同。
- 编码距离的摆尾舞的时间长短，取决于蜂巢和采食地点之间景物的视觉结构。
- 当距离增加时，飞行距离的表述也变得不精确。尽管在距离蜂巢10公里处依然能发现采集的蜜蜂，但表示2公里和3公里飞行路线（正常飞行所能达到的极限距离）的舞蹈几乎差不多，这样的极限飞行距离不能在舞蹈语言里精确地表达。

根据如此不准确的指示，新采集蜂是怎么找到采食地点的呢？

新兵蛋子，跟着信号走！

对已经跟随舞蹈者巡回过多次的新采集蜂的观察使我们获得很多信息。这样一只新召集的蜜蜂首次找到采食地点，需要花费相当于已经访问过该采食地点蜜蜂30倍的飞行时间。如果具有采食经验的蜜蜂能在40秒内就飞完这段距离，首次离巢飞行的新兵蛋子在“观看”完摆尾舞后，则最多需要20分钟才能到达采食地点。如果采食地会散发出诱人的味道，并且这种味道被风直接带到蜂巢，她们的飞行时间就会显著缩短。访问过不散发气味的采食地点的舞蹈者提供了明显证据证明，联系野外接触和通讯是野外老练工蜂的行为。有和没有当地飞行经验的蜜蜂，至少在飞往采食地点时会形成约有十只个体的小型混合团队。具有当地飞行经验的蜜蜂最先着陆，没有经验的蜜蜂紧跟其后（图4.27），有时发生连串的着陆行为——有经验的蜜蜂在下，没经验的蜂在上。

这种采集蜂的队伍是如何形成的呢？对此我们了解很少，但看起来在蜂巢跳舞的蜜蜂将在野外帮助被招募的蜜蜂。采访过了一个采食地点却未在蜂巢跳舞的蜜蜂，将立刻直接飞回她到过的采食地点并马上着陆。然而，跳过舞的采集蜂将一

4.27 有经验的采集蜂带新采集蜂到花朵处，这常常导致她们一前一后地着陆。

边绕目标地大圈盘旋，一边大声地嗡嗡叫。冯·弗里希未发现舞蹈语言之前，曾认为是这些声音把蜜蜂的同伴带到采食地去的。“嗡嗡飞行”的低速度使得观察者注意到嗡嗡叫的蜜蜂腹部的亮色条纹，这就是在蜜蜂腹部最后两体节之间张开得很大的纳氏腺体。开放的纳氏腺体释放香叶醇气味，这在蜜蜂的多种行为中起到重要作用(参见图4.13)。不在采食地点盘旋就登陆的采集蜂紧闭她们的纳氏腺，没有新兵陪同；而嗡嗡叫的采食者在新兵陪同下着陆采食地点。有经验的采集蜂和新采

4.28 到相同采食地点采集的有经验的采集蜂在蜂巢内常常靠得很近，形成一个芭蕾舞蹈小团队。

集蜂不会形成小团队一起离开蜂巢飞向同样的目标，小团队很可能在蜂巢和采食地点之间的某处形成。

也有一些蜜蜂在蜂巢内追随了跳舞者后，不需要任何帮助就能非常迅速地到达指定的采食地点，她们是知道并在几日之前访问过采食地的有经验的采集蜂。在同样采集地点采集的、被标记的蜜蜂在蜂巢内会彼此紧挨一起，甚至会在一块儿过夜（图4.28）。这样的一小队蜜蜂常常被发现参与同样的舞蹈，在这一过程中，其中一只是舞蹈者而其他的是舞蹈跟随者（图4.29）。所

4.29 在一组舞蹈跟随者中，和舞蹈者访问过相同花粉源的有经验的花粉采集者。

以舞蹈者不仅召集新兵，而且也把那些有经验的、甚至和舞蹈者去过同样采集地点的蜜蜂召集起来。有经验的采集蜂可能以这种方式来提醒大家去熟悉的食物源补充食物。

蜜蜂没有真正的听觉，所以临近采食地点的“嗡嗡飞行”不能使跟随蜂产生听觉上的感知以用来定向。然而，飞行是视觉上的冲击，可以最优化地刺激蜜蜂的飞行感觉能力。准确地说，飞行时的“嗡嗡”声是翅膀用来产生涡流的无意识结果。这种涡流可能像船在水面产生的尾流和飞机后面的涡流一样，能在一段时间内在空气中稳定地从纳氏腺获取信息素，并提供化学信号引导新兵。

在“真正”的分蜂行为中，也可以观察到许多用来招募小群采集蜂前往采食地点的通讯元素。采集蜂组成的微小分蜂群与真正的分蜂群不在相同的选择压力下，因为在采集情况下，整个蜂群的命运并没有危险，而真正的分蜂群如果不尽快到达新家就会灭亡（►图2.8）。用来召集采集蜂的行为可能是由“真正”的分蜂行为演化来的。

把新兵召集到采食地点是一种高度复杂的行为，蜜蜂在蜂巢和田野里互相通讯。花会提供重要援助，譬如，舞蹈者吸收了花的气味，再加上风的传播，可作为嗅觉路标。在自然食物源充足的情况下，即使蜂巢倾斜，失去了重力的参考点，有序的舞蹈完全被打乱，舞蹈者传递方向信息的能力丧失，蜂群也能正常生长。一个周围环境中有充足且空间平均分配食物源的蜂群不会处于劣势，通过寻找和对气味的探测，它们总能找到足够的花来满足需要。当食物源不充足和受空间限制时，舞蹈语言的交流才十分重要，集中地召集将大量增加收成。

5

蜜蜂的性和处女王新娘

蜜蜂的性生活是她们私生活的一部分，我们对此知之甚少，推测居多。

性保证了一个群体中特征的多样性和变化，通过卵子和精子细胞的结合，以及以一种独特的方式对新生雌性或雄性个体的基因型*进行遗传物质的组合，达到一种令人难以想象的表现型*多样化。蜜蜂也毫不例外地遵循这一基本法则，然而，它们在许多方面表现出与众不同的特性。

雌性生物体通常产生相对少的配子*，这些配子个头大、营养丰富并且比较珍贵，这就是生物学定义的“雌性”。另一方面，雄性则产生微小的精子细胞，而且由于简化成了实质上“有外侧发动机的基因型”，精子数量巨大。从配子受精技术的角度理解，在任何一个群体中，只需要少数的雄性就足够使所有的雌性受精。

然而，我们在蜜蜂中却发现了相反的情形。一个蜂群最多产生十多只新处女王，而产生雄蜂的数量将达到五千至两万。

在此，我们先不探讨这一性别失衡的原因（在最后一章中会再涉及这一问题），仍关注令人感兴趣的一个群体中雌性和雄性个体数量差异悬殊的情形。我们可以想象这种情形将导致雄性为追逐雌性而展开竞争，因为只要少数的雄性就可产生足够的精子满足雌性的需要，所以大多数的雄性是多余的。在这样的群体中，雄性间的竞争理所当然会相当激烈，并在它们可观察到的交配或争夺行为过程中表现得淋漓尽致。

在蜜蜂蜂群中，大约有一千只的雄性追逐一只雌性。竞争本应非常激烈，但我们发现，这个问题在蜂群中非常和平地得到了解决。

为了回答“蜜蜂如何化解这个矛盾”的问题，我们找到了一些关于蜜蜂性生活细节的与众不同的解释。这一研究使蜜蜂生物学的相关领域产生了新见解，并揭示了我们对这一领域认识的不足。

在蜂王一生产生的大约100万个女儿中，只有少数的个体会交配，因为只有处女王才会在她们生命的某个单一时期参加“婚礼飞行”。雄蜂的境遇也好不到哪去，实际上对绝大多数的雄蜂来说情况更糟。在这些雄蜂中，最多只有几十只雄蜂参

---

*基因型（genotype）：机体总的遗传结构，包括包含在染色体中和染色体外的遗传信息。

*表现型（phenotype）：简称表型。具有特定基因型的个体，在一定环境条件下，所表现出来的性状特征的总和。它包括基因的产物（如蛋白质和酶）、各种形态特征和生理特性，甚至各种动物的习性和行为等。

*配子（gamete）：成熟的生殖细胞，其核（常常包括细胞质）与相似起源但相反性别的另一配子核融合而形成合子（zygote），发育成一个新的个体。配子为单倍体，并分化成雄性的和雌性的。

与交配，而它们将为此付出生命的代价。

婚飞

关于蜜蜂的交配行为有许多神话，主要是因为其难以观察而带来的神秘色彩。雄蜂聚集地，也就是发生交配行为的地点，几乎是神秘点。羽化后性成熟的新雄蜂，年复一年地准确聚集在相同的地方，在空中的特定区域嗡嗡响地形成一个巨大、吵杂、看得见的聚集区，等待处女王的到来。

但是，处女王如何找到她从未到过的雄蜂聚集区？为什么同群或不同群的雄蜂之间都没有发生为争夺处女王交配的斗杀竞争？为什么工蜂对交配过程中一系列令人激动的事件保持相对冷漠？一个蜂群只培育少数的处女王，并让这些为蜂群传宗接代的宝贵个体独自到一个危险而陌生的世界，这是否具有某种真正的意义？

问题一个接着一个，答案只能慢慢地逐步寻找。不过，对于令人迷惑的蜜蜂交配世界，现在已经有了一些确切的文献报道。例如在许多地方已经观察到雄蜂聚集区，其可以跨越30~200米的区域范围。这些地点常常具有明显可见的地形地貌特征来吸引雄蜂，包括大树、地平线特征，如明亮的天空下的黑色物体或者是暗色屏障内的亮沟。地表和地下的流水也被认为是定位的辅助物。

令人惊讶的是，雄蜂聚集区并不一定是必须的，人们也观察到了蜜蜂交配发生在非雄蜂聚集区的情况。这让我们推测，雄蜂聚集区是在路标方便确定的情况下，雄蜂根据路标产生聚集行为的结果。如果存在适当明显的陆标，就会形成雄蜂聚集区；如果没有，蜜蜂交配也照样进行。

甚至在被发现的雄蜂聚集区域，也有可能观察到雄蜂集结区不是稳定不变在一个位置，而是能沿地表相对快速地漂移。已观察到雄蜂聚集区解散、过会儿重新聚集在另一地点、再解散、再聚集到第三个地点。出现雄蜂聚集的区域似乎被一个弥散的雄蜂网络所覆盖，区域内不时形成密集的雄蜂集结丛。

正如前面所介绍的，雄蜂离开蜂群后不会持续地在空中飞翔，地面植被或树干树叶上都能发现休息的雄蜂（图 5.1）。这种情况不只发生在所谓的雄蜂驱逐期，即雄蜂在交配季节的末尾被工蜂赶出蜂群（图 5.2）。

那么，在蜂群外休息和飞翔的雄蜂在等待什么呢？当然是年轻的处女王。

5.2 雄蜂在交配季节过后就成为累赘。遗留下来的雄蜂再也得不到饲喂，被驱逐离开蜂巢而死亡。

5.1 雄蜂是高效的飞行机器。尽管如此，它们离开蜂巢后也不会不停地飞翔，甚至在交配季节仍可被发现在植被上停留和休息。

一个7日龄的处女王离开蜂巢一次或多次，持续的时间常常是几分钟（但也可能达到一个钟头），在顺利交配后回到蜂群内。一只蜂王可能离开蜂巢外出婚飞好几次，直到她的贮精囊贮满精子为止。一只雄蜂可以释放1100万精子细胞，在婚飞结束时，蜂王最多将保留600万精子细胞，这只相当于雄蜂注入蜂王体内精子数量的10%，这些精子将永久性地贮存在她的贮精囊内并被带回蜂巢。精子在蜂王一生的若干年中在贮精囊内保持活力，这个天然的精子库每年为20万卵子提供精子。

雄蜂在上午末到下午的中段离开蜂巢，蜂王也在相同的时间段离开。对处女王来说，如果她们的第一次婚飞很成功，就不必再离开蜂巢了；而雄蜂则每天都离开蜂巢，不管处女王有没有在附近。多数情况下，雄蜂的每日飞翔中都没有交配发生，雄蜂的每日出巢飞翔也是任何特定区域中不同蜂群的雄蜂之间剧烈竞争的一种迹象。每天有大量不参加交配的雄蜂从蜂巢中飞出，并且持续好几周，不过这样减小了处女王在巢外丢失的风险。**雄蜂的巨大努力付出也伴随着高额的回报，即可能成为数以万计的蜜蜂的父亲。**

这种雄蜂数目和它们飞行活动的厚重投资可能与雄蜂之间缺乏斗杀有联系。我们以独居性的物种来做一个有趣的对比，其种内雄性之间的竞争表现在精子细胞水平的竞争，叫做精子竞争。精子细胞在雌性性器官内发生位置移动竞赛，竞先进入卵子。成功地减少竞争的秘方在于授精精子的数量。

在蜂群这个“超个体”中，雄蜂实质上是飞行的精子载体，它们飞到交配范围的聚集区，起到了与独居性种属雌性个体内的精子竞争相同的效果：通过绝对数量达到竞争者移置的作用。

当处女王离开蜂巢时，她们使用一种对雄蜂具有高度吸引力的嗅觉诱饵。但这只发生在蜂巢之外，在巢内时它们之间处在相互接触的距离之内几个星期也都彼此忽略（图5.3），这样就避免了近亲交配。

从遗传研究的结果我们知道，一只蜂王在她一生中有时只有唯一的一次婚飞过程，她在这次婚飞中和多只雄蜂交配。在飞行过程中，受处女王上颚腺流出的“蜂王物质”引

5.3 处女王和雄蜂理想地生活在同一蜂巢内。

诱，雄蜂逆风追赶处女王；在蜂巢内，这种蜂王物质则抑制工蜂卵巢的发育。

雄蜂一旦看见一只飞翔的处女王，就通过视觉系统的向导，快速追赶在她后面，并且似乎通过一条看不见的线扣住她。如果雄蜂赶上了处女王，就用腿抓住她，把它们的交配器和蜂王的生殖器官闭锁起来。它们伸出大约50%的内阴茎，然后就被动地悬挂在蜂王身体上。内阴茎的完全外翻过程见图5.4，雄蜂变成被动之后，精子的传送由蜂王自己通过腹部肌肉的强有力收缩来完成。经常发生这样的过程：伴随一声劈啪响声，雄蜂的腹部爆裂，它立即死亡。

内阴茎是雄性性器官的一部分，

5.4 雄蜂外翻出其巨大的插入器官。结构末端的气泡包含悬浮于透明液体中的精子细胞和大量白色黏性物质，两只朝下的边钩在交配时闭锁雄蜂和蜂王。

最初黏附在蜂王生殖器上，形成所谓的交尾标记。交尾标记由来自黏液腺的黏液、内阴茎表皮的几丁质和橙色而有黏性的角质（可反射紫外光）组成（图5.4），对追赶中的雄蜂非常有吸引力。

然而，牢固附着的内阴茎（图5.5）并不是阻止后来雄蜂接近蜂王的贞洁带子，恰恰相反，交尾标记的气味及其对太阳紫外线的特殊反射（雄蜂的眼睛对紫外线特别敏感）会引诱更多的雄蜂追赶处女王。后来者将移走交尾标记，可以想象，交配之后取而代之的是它们自己的标签。

交配成功的雄蜂难道真的留下标记给其他追随雄蜂的交配指路？它们能从这种行为以及完全缺失的斗杀竞争中获得什么利益？在第9章中我们将试图回答这些问题。

5.5 成功交配之后，内阴茎继续留在蜂王张开的生殖器内，婚飞之后被带回巢内，作为已经受精的标记。

5.6 熊蜂或黄蜂等膜翅目昆虫组成的蜂群，其交配发生在地面上而不在飞行中。

在交配季节，常常会发现拳头大小的雄蜂圈停在地面上围着蜂王。从空气动力学的角度看，由蜂王（相对于工蜂而言是较差的飞行者）带着一只麻木的雄蜂在空中飞行不是特别合适，所以她停到了地面上。其他雄蜂被吸引着，希望也能和蜂王交配。和蜜蜂接近的所有其他物种或更远的物种，比如熊蜂、黄蜂和蚂蚁，其交配都在地面上进行（图5.6）。

关于蜜蜂交配的细节和基础还有许多问题。例如，占蜂群绝大多数的工蜂，难道真的对蜂王和雄蜂之间的重要事件毫不关注并且完全不参与？

工蜂就是女傧相

婚礼飞行对蜂王来说是十分冒险的事，对整个蜂群来说蜂王实质上是唯一的雌性"飞行配子"，飞行的蜜蜂会被许多食肉鸟所掠食。在这里我们不仅要想到"蜂狼"*，还有许多鸟类会捕捉蜜蜂并知道如何安全地对付蜜蜂螫针。整个蜂群的未来和蜂群中所有工蜂努力的结果，就悬在处女王这根细线上，她能被允许完全单独在蜂巢外的危险世界执行任务？

*蜂狼（bee wolf）：一种特殊的黄蜂，其雌性个体会捕捉单只蜜蜂，并把它埋在地面的管子里供它们的幼虫食用。

难以想象，蜂群已经在进化中对每一个想得到的问题都给出了最理想的解决方法。有人可能会问，她们是否已真正发现最可靠的方法来处理这一维系蜂群未来的关键事件？被称为“集中定位飞行”（mass orientation flight）的现象和养蜂人熟知的一小撮所谓的“爱抚”蜜蜂，为我们解释这一可疑情形带来了一线曙光。在一年中的特定时间，并且正是处女王和雄蜂要出巢交配的时刻，蜂巢的入口处可以发现大量的工蜂持续起飞然后着陆（图5.7）。

对于集中定位飞行的通常解释认为，这只是年轻工蜂的认巢定位飞翔。然而，根据下面的简单试验和细心观察，我们得出另一种解释，认为工蜂集中定位飞行与认巢飞翔完全不同，且对蜜蜂的交配行为有重要意义。

例如：

- 当工蜂刚出房时给她们做上标记，记录她们首次飞行的时间。发现她们从日出到日落的正常飞行时间都离开蜂群，完成认巢飞行，再回到巢内。没有发现年轻的标记工蜂在集中定位飞行发生时聚集在巢门口。
- 如果我们捉住集中定位飞行的工蜂并逐个检查其成员组成，将发现年轻的工蜂只占少数，与当天其他时间内的年轻工蜂数量相当。集中定位飞行的工蜂大部分是老的、有经验的采集蜂，其证据是她们的翅膀有破损且绒毛脱落，这些老采集蜂显然不必再进行认巢飞翔。事实上，从集中定位飞行工蜂团抓住的工蜂可能有部分直接来自“正在工作的蜜蜂”，这可从她们的花粉框装满花粉和蜜囊内贮满蜂蜜来判断。
- 如果一个蜂群仅由老采集蜂组成（即没有年轻的工蜂），正常的集中定位飞行就会发生在每天的固定时间。
- 如果一个蜂群在若干周之前刚刚组织好，还没有蜂王，但在有规律地加入数量相当于蜂王正常产卵率的年轻工蜂，就不会发生集中定位飞行。
- 如果一个不发生集中定位飞行的无王群有了一只蜂王，从蜂王出现之后的第一天开始就发生集中定位飞行。

5.7 在交配季节，蜂巢前面发生所谓的集中定位飞行（mass orientation flight），蜂群的采集活动明显减少。

5.8 一只处女王在一群工蜂的陪伴下飞离蜂巢奔赴她的婚礼约会。

- 集中定位飞行只发生在一年当中雄蜂外出飞翔和处女王离开蜂巢婚飞时。在一年的其他时间中，蜂群产生许多新的工蜂，她们进行正常的认巢飞行，但从不形成集中定位飞行的蜂团。
- 在蜂群发生集中定位飞行期间，采集活动临时性地明显减少。

认为集中定位飞行是年轻工蜂认巢飞翔的观点显然是站不住脚的。如果并非年轻工蜂的认巢飞翔而且只在蜂王存在的情况下发生，那么集中定位飞行的原因是什么呢?

请耐心，它可能出现在蜂王离巢婚飞时，观察到蜂王出巢时有一群多达20只工蜂伴随蜂王来到巢门前的一个点，她们在这里一起全部飞离蜂巢（图5.8）。

与蜂王和伴随工蜂离巢相吻合的是，集中定位飞行的工蜂也消失了，她们又在蜂王返回蜂巢的刹那出现在蜂巢前（图5.9）。如果蜂王没有飞离蜂巢，集中定位飞行的工蜂在半小时内解散，第二天又回来重复表演。

5.9 和离开蜂巢时一样，蜂王返回蜂巢时也由一群工蜂陪伴。

5.10 刚刚交配归来的蜂王着陆在巢门口，和她的伴随工蜂一起进入蜂巢。她可能不会再离开蜂巢，直至明年的分蜂季节。

5.11 蜂王有时会带着和她最后交配的雄蜂的内阴茎返回蜂巢。

蜂王着陆之后，立即和陪伴的工蜂返回安全的巢内，新形成的集中定位飞行蜂团中的许多工蜂也进入蜂巢（见图5.10），集中定位飞行工蜂团迅速消失。

成功婚飞回巢的蜂王，其生殖腔上经常粘有最后交配并牺牲了的雄蜂的生殖器（图5.11），这个“交尾标记”在蜂王返巢之前（图5.12）或进入蜂巢之后（图5.13）立即被随从的工蜂清掉。

陪伴蜂王的工蜂在空中发生了什么？她们扮演的角色是什么？至今仍一无所知。然而，通过分析养蜂者记录的大量观察数据，我们慢慢对这一谜团有了大概的认识。

5.12 一只工蜂正在移走蜂王张开的生殖器上的内阴茎。

5.13 生殖器上的交尾标记被移走后，蜂王迅速消失在蜂巢内。

5.14 养蜂人员把处女王的交配自由飞行安排在所谓的交尾场，这里有处女王和数百只工蜂组成的“迷你”群（交尾群），以及培育大量雄蜂的蜂群。

对于一位养蜂员来说，当不组织人工授精时，有两条途径可以达到蜂王受精的目的：一是当地交配，依靠当地已经准备好的雄蜂和处女王完成它们的交配过程；另一条途径是组织处女王和数百只工蜂组成的“迷你蜂群”（交尾群），将其放在一个小交尾箱内（图 5.14），然后转运到已准备好大量雄蜂蜂群的交尾场。

有趣的是，在当地交配的情况下，蜂王通常不会丢失，每只蜂王婚飞受精后都会健康地返回蜂巢。而组织交尾群到另外地点交尾的蜂王大约有三分之一会丢失，在自然情况下，考虑到每个蜂群在繁殖季节只产生极少数的蜂王，这30%的丢失是非常严重的后果。

导致蜂王成活率差异显著的原因是什么呢？可能是伴随蜂王婚飞交尾工蜂的数量和能力差异？由采集蜂引导蜂王婚飞有重要意义，蜂王对蜂巢周围的环境不熟悉，通过数次的认巢飞行获得的信息也非常有限。而经验丰富的采集蜂对周围环境地理条件非常熟悉，可以提供向导服务，特别是对于返回她们刚刚离开的蜂巢。从安全的角度出发，蜂王需要快速直接返巢，处女王是蜂群产生的最有价值的产品，必须格外小心保护她们的生命。一种小山雀在明亮的天空背景下很容易发现飞行的蜂王位点，可能威胁蜂群的繁殖。群体飞行不仅帮助导航，而且可能通过“鱼群效应”起到保护效果。在交尾区域聚集的工蜂数量越多，这种“鱼群效应”的保护效果越好。下列观察到的现象支持这种可能性，即大伴随群中的处女王婚飞后全部返回蜂巢，而小伴随群中只有三分之二的处女王返回蜂巢。

有人可能觉得工蜂在蜂王交配过程中应该起到更活跃的作用：已经知道，如果把一只处女王放在空旷处的一片叶子上，并且她没有马上飞走，那么尽管可能离最近的蜂巢有几百米，她也将在几分钟之内被一小群工蜂环绕。受处女王吸引，雄蜂在工蜂到来之后接踵而至，但雄蜂很快受到工蜂驱逐，甚至飞走后仍受追击。这种工蜂追击雄蜂的飞行可能也发生在婚飞过程中，与雄蜂追逐蜂王非常相似，在空中很难分清，除非持续地观察全过程。

工蜂的目的还不清楚，我们也不知道这种行为是否是个例外。然而，伴随蜂王的工蜂似乎让某些雄蜂接近蜂王而另一些却不能接近。“工蜂可能选择与蜂王交配的雄蜂”等令人兴奋的问题有待于将来的进一步研究。这难道是另一种避免近亲交配的保护措施？

在婚飞之后，蜂王直到约一年后带领分蜂群到一个新家时才再次离开蜂巢，而原来的蜂群则会采用一只新的蜂王。**蜂王在交配过程中获**

得的精子细胞在数年之内保持活力，如果贮存的精子用完了，蜂王只能产下未受精卵而发育成雄蜂，她将失去在蜂群中的尊贵作用。

完整的动物配子

让我们回到蜂群培育两性个体的主题，巢脾的建筑结构提供蜂群开始培育雄蜂和蜂王的第一征兆，如果把蜂群喻为超个体，那么雄蜂和蜂王实质上就是“完整的动物配子”。蜂王在王台内发育，王台大多构建在巢脾的下沿，数目很少。居住在王台内的幼虫刚开始与将变成工蜂的幼虫没什么两样，特殊的“蜂王浆”供给导致她们发育成蜂王。老蜂王待遇下降，获得的蜂王浆日益减少，直到最后不得不部分取食蜂蜜，这种减食疗法使蜂王重新恢复飞行能力，让她有可能和分蜂的工蜂一起飞离蜂巢。在老蜂王和一半的工

5.15 一只新蜂王见到了阳光。蜂王从王台内羽化出来，然而，与蜂巢内的其他事物一样，一切发生在完全黑暗之中。

蜂离开蜂巢后约一个星期，新的蜂王开始从王台中羽化出来（图5.15）。

新的蜂王在巢内彼此相遇时就开始决斗，直到一只被打死为止（图5.16）。彼此残杀对羽化的新蜂王没有特别有用的地方，所以多数的斗杀被避免。这经常理解为第一只羽化的蜂王像老蜂王一样快速离开蜂巢组成第二个分蜂群，但带走的是原蜂群的另一部分工蜂。有时紧接第一只新蜂王出生的第二只蜂王会加入这个分蜂群，不幸的结果就是，不可避免的致命决斗转移到了另一地点。

已经知道有另一个不平常的、有助于转移新蜂王之间致命格斗的行为机制：第一只羽化的蜂王发出一种能与未羽化蜂王对话的振动，这种用于联系的信号声音很响，甚至离蜂群有些距离的观察人员也能听到。第一只羽化的蜂王从王台里出

5.16 当两只新蜂王相遇时，一场致命的决斗就开始了，她们各自毫不怜悯地使用有毒的螫针。

来之后就发出“嘟嘟声”，工蜂接收到这种信号后就停止工作，不再帮助第二只蜂王出王台。偶尔，王台中的蜂王会发出“呷呷声”回应外面的“嘟嘟声”，这种奇怪的二重奏延迟了第二只蜂王的羽化，从而避免了两只蜂王之间的决斗。

巢脾建筑上的变化宣告雄蜂的诞生。在交配季节以外，雄蜂只是一张张嘴，白白消耗蜂群的资源。所以如果没有必要培育雄蜂，工蜂建造的巢房直径就在5.2～5.4毫米之间；然而，在需要雄蜂的季节，工蜂会在巢脾边缘添加几千个直径6.2～6.4毫米的雄蜂房，可能会占到蜂群中所有巢房数目的10%（图5.17）。

蜂王用前肢测量巢房的大小，如果找到直径较小的巢房，就产下受精卵，受精卵发育成雌性个体；如果找到大的巢房，就产下未受精卵，开

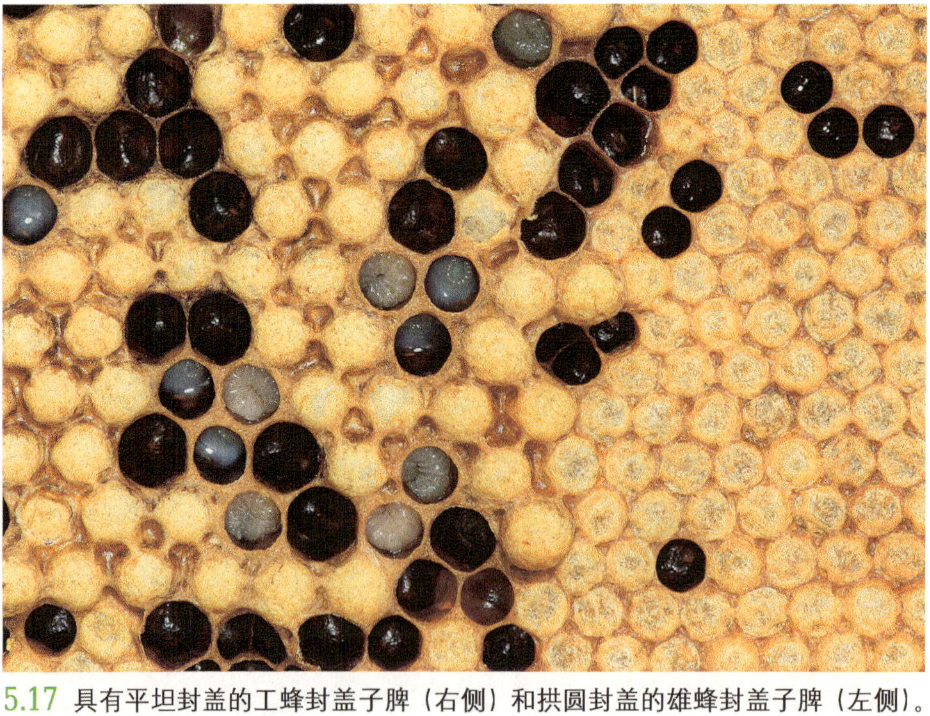

5.17 具有平坦封盖的工蜂封盖子脾（右侧）和拱圆封盖的雄蜂封盖子脾（左侧）。小的工蜂巢房和大的雄蜂巢房指导蜂王的行为，蜂王在工蜂巢房产受精卵，在雄蜂巢房产未受精卵。

始了雄蜂的培育过程。蜂王的性器官必须是控制性非常可靠的机器，要能够控制少数精子接近卵子，或者阻止这个过程。然而，决定这些事情的发生和后代性别的不是蜂王，而是蜂群里的工蜂，蜂王仅仅是工具而已。

高高的十字架——蜂王的废除

蜂群还决定什么时候更替蜂王较有利。老蜂王必须更替，这是一条准则，也是明智的选择，因为婚飞时获得的、贮存在蜂王体内的精子迟早会被用光。蜂王产生一种特殊的信息素，环绕蜂王的“侍候”工蜂经常舔拭蜂王的身体，并从蜂王体表获得这种信息素（图5.18）。通过工蜂之间不断的食物交换，蜂王信息素会传遍整个蜂巢，整个蜂巢就获得了蜂王存在与否和蜂王状况的信息。

随着蜂王的衰老，蜂王信息素浓度降到一定水平，蜂群就开始培育下一个蜂王。

新蜂王培育过程的开始并不需要发生极端情形，在我们看来无关紧要的小毛病也可能导致蜂王的更替。蜂王如果少了一条腿，倘若不是用于测量巢房大小的前腿（图5.19），就没有多大障碍，她仍能保证生产下一代的需要。但很显然，工蜂对一只完美蜂王的要求很高，一个小小的毛病也能导致老蜂王的废除和新蜂王的培育。即使在新蜂王的成功婚飞之后，这样一场“悄悄的革命”有时也可能不会打扰老蜂王而让其继续产卵相当长一段时间。

5.18 （双彩页左图）侍候蜂王的工蜂舔拭蜂王身体获取蜂王信息素。通过工蜂间的交互饲喂和食物交换，蜂王物质传遍整个蜂巢。

5.19 （双彩页右图）这只五条腿的蜂王达不到完美蜂王的标准，工蜂们开始了一场“悄悄的革命”：她们已经培育了一只新的蜂王。

5.20 如果一只蜂王突然死亡，工蜂就会尽快培育一只更替蜂王，应急的王台是工蜂用刮下来的旧蜂蜡筑造的。

用于培育更替蜂王的王台不同于正常培育蜂王的王台，它们并非位于巢脾下边缘，而是往往在巢脾的中部，通过改造扩大正常的工蜂巢房而形成（图5.20）。

如果一只蜂王突然死亡，更替过程也将发生，但其前提是在这个关键时刻蜂巢中有幼虫。1日龄至3日龄的幼虫都有可能被培育成蜂王，只要她们获得了特别的食物供应。她们的巢房会被迅速扩大并改造成王台的形状。在这种紧急情况下，没有足够的时间激活工蜂腹部的蜡腺以分泌新鲜蜂蜡，工蜂只能刮下老的蜂蜡用于筑造培育更替蜂王的王台。如果蜂王在蜂巢中没有合适幼虫的时候死亡，那这个蜂群就走到了尽头。当然，在一般情况下，蜜蜂不会让这种情形发生。

年轻的更替蜂王羽化后，过一段时间就开始了婚飞，交配之后把遗传物质带回蜂巢，保证决定蜂群特性的基因持续不断地流动着。

6

蜂王浆
——蜂群中的完美食物

蜜蜂幼虫从成年蜂的腺体分泌物中获取她们所需的营养物质，这种分泌物的作用类似于哺乳动物的母乳。

蜜蜂是一种全变态的昆虫,其发育过程经历了卵期、幼虫期、蛹期和最后的成年蜂阶段。就发育过程而言，蜜蜂遵循了昆虫变态中的普遍规律。昆虫幼虫从植物或动物组织中获取营养物质，而这些植物或动物组织是它们自己找到或者由成虫提供的。蜜蜂通过哺育蜂头部专门腺体产生的分泌物来哺育她们的幼虫，这种分泌物是一种母乳的代用品，其被用作营养品从而提供操纵成年蜂发育结果的可能性，新蜂王的产生是因为大量饲喂这种物质的结果。

夏天，蜂王每天产1000到2000粒卵，每一粒卵在一个独立的巢房中（图6.1、6.2）。以每分钟一到两个卵的速度，**蜂王一天产卵的总重相当于自身的体重。换算成一个人而言，这意味着整个夏天这个人每天将产20个婴儿。**

6.1 即将产卵的蜂王。工蜂帮助整理蜂王的腹部末端，以使蜂王的腹部插入巢房产卵。

6.2 这是一只把腹部插入巢房底部正在产卵的蜂王。

6.3 一只年轻的工蜂在彻底清理位于子脾上的一个空巢房，以备蜂王产卵用。

6.4 产有卵的巢房。新产的卵开始时是垂直地立在巢房底部，然后慢慢地瘫倒并平躺下来。

6.5 蜜蜂胚胎发育的卵期是三天（左），然后孵化成小幼虫（中），并立即被供给蜂王浆（右）。

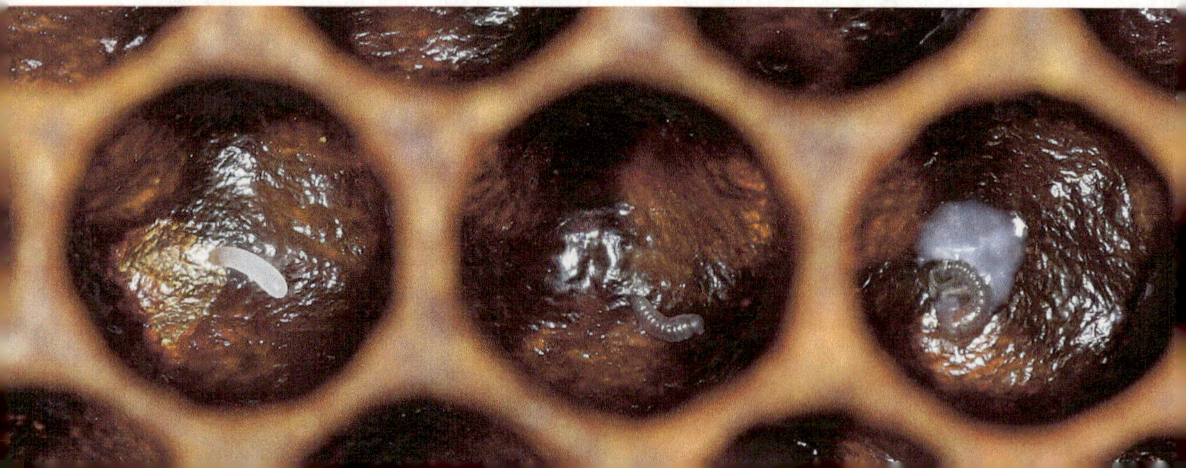

6.6 小幼虫以蜂王浆为食，所谓的蜂王浆，就是由哺育蜂头部腺体分泌的营养物。

6.7 大幼虫取食花粉和蜂蜜的数量增加。

在卵产下之前,所有巢房都被彻底地清扫（图 6.3）。

经过三天的胚胎发育期后,产在巢房内的卵变为小幼虫从卵壳内孵化出来（图 6.5）。

工蜂、雄蜂、蜂王的发育途径是不一样的。它们都经历了五个幼虫期（图 6.6、6.7、6.8），但是持续时间不一样：雄蜂的幼虫期最长（图 6.10），工蜂次之，蜂王最短（图 6.11）。幼虫体重增加的速度非常惊人。在短短的五天内，它们的体重将增加 1000 倍。如果转换成人，这将意味着一个新生儿在出生后的第五天体重就能达到 3.5 吨。

蜂王的快速发育可能是新生蜂王间的一种时间竞争:第一只出房的蜂王有机会螯死还未出房的竞争者。

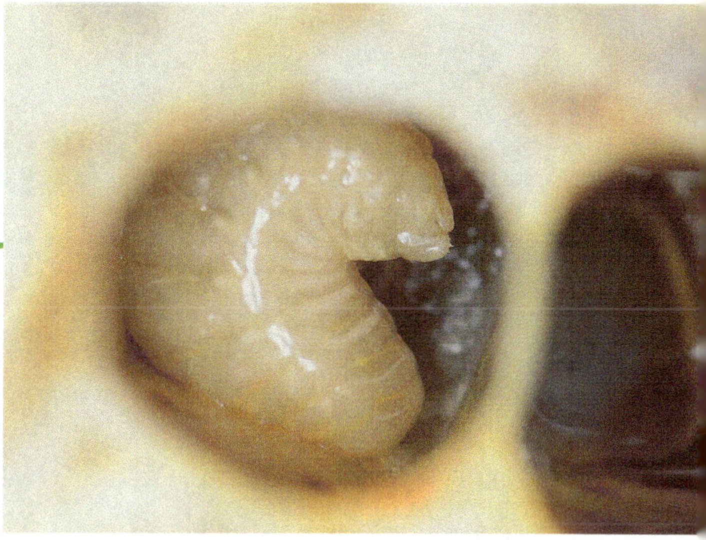

6.8 在蜜蜂出生后的第十天，幼虫开始伸展起来，吐丝结茧，工蜂用蜂蜡封闭巢房顶。

6.9 一只幼蜂正从巢房内爬出来。

6.10 （双彩页左图）正在羽化的雄蜂。正在羽化的雄蜂从内部打开巢房盖子，由其他工蜂从外部协助咬开巢房封盖。

6.11 （双彩页右图）一只新蜂王离开养育她的特殊结构的巢房。

6.12 工蜂在蛹期开始阶段用蜂蜡封闭巢房。蜜蜂的变态发生在一个完全隔绝的环境。

三型蜂*的幼虫发育到最后时，个体很大，伸展开能占满整个巢房(图 6.12)。这个时期，巢房中的幼虫会吐丝结茧包住自己（茧是由专门腺体产生的纤维分泌物），同时，工蜂产生蜂蜡形成巢房盖封住巢房(图 6.9)。蜜蜂即在这巢房盖下完成从蛹到成虫的变态。巢房盖上有很多孔，这些孔洞方便气体交换以及化学信号的传递。

蜜蜂的幼虫可以说生活在“天堂”中，因为哺育蜂向它们的巢房提供浓密的蜂王浆。这是一种分泌物的混合物，这些分泌物是由工蜂头部的咽下腺和上颚腺产生的。蜂王浆从每个上颚的内部小孔中分泌出来，吐到巢房内饲喂给幼虫（图 6.13）。哺育蜂经常是5~15日龄的青年蜂，这些哺育蜂消耗大量的花粉来给她们的王浆腺提供必需的原始材料。这些腺体在外勤蜂中退化而不产生王浆，这是超个体——蜂群中的各成员功能分化的一个例证。

蜜蜂幼虫开始只靠哺育蜂产生的王浆来哺育，生活完全依赖于这种完美的食物，与幼小哺乳动物的营养形式类似。不过，蜜蜂不是由母乳喂养，而是依靠姐姐产生的替代品(图 6.13)。

一只蜜蜂幼虫在幼虫期大约消耗25毫克或25微升的蜂王浆。在一个蜂群每年产200 000只蜜蜂的情况下，所需约5升蜂王浆。

当幼虫越来越大时，她们的食物中会逐渐加入花粉和蜂蜜，到幼虫期的最后阶段根本就没有任何的王浆供应。在整个幼虫发育阶段都食用王浆的幼虫发育成蜂王(图 6.14)，尽管这不是决定幼虫发育成蜂王或工蜂的唯一因素；蜂王和工蜂所食用王浆的成分也不一样：发育成蜂王需要王浆含35%的己糖，而在工蜂所食用的王浆中只含10%的己糖。蜜蜂幼虫的发育过程显然可以被“甜度”所改变。

* 三型蜂（three bee type）：是指蜂王、工蜂、雄蜂。

6.14 与工蜂和雄蜂幼虫形成鲜明对比，发育成蜂王的幼虫即使长大后也专门食用蜂王浆，王台的开口朝下（这张照片是从下面拍的），黏性的蜂王浆防止幼虫掉下来。

蜂王浆是一个决定幼虫发育成蜂王或工蜂的环境因子。不能生育的工蜂和能生育的蜂王代表着蜂群中的两种级型，同时也代表着食物决定的两种不同发育途径。蜂王幼虫被哺育蜂访问的频率比工蜂幼虫高十倍。往蜂王方向发育的幼虫得到更多的蜂王浆，并且饲喂的频率更高。食物在数量和质量上的不同引起的一系列复杂的生化反应，加上幼虫中合成激素的数量和周期的不同，共同对这两种级型间显著的形态差异起了决定性的作用。

6.13 哺育蜂从头部腺体产生蜂王浆，供给她们的同胞。蜂王浆是从下颚基部分泌出来的（箭头），聚集在下颚的端部（插图），挤进幼虫巢房。

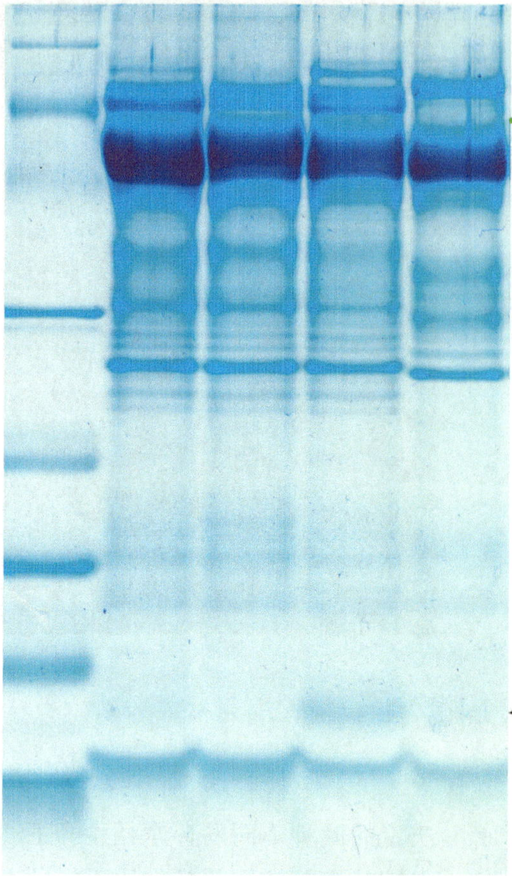

6.15 蜂王浆成分的电泳分离显示这种物质复杂的分子组成状态，凝胶上单一的水平线代表不同的蛋白质，"D"条带是一种保护幼虫免受侵染的蛋白——防御素(defensin)。在这张图谱中，最左边泳道的样品是已知分子量的蛋白质标准物，其他四个泳道的样品是来自蜜蜂不同亚种的王浆，正文谈及和该图箭头标示的防御素，在所有蜜蜂亚种中都存在。

蜂王浆作为蜂群中一种完美的食物而引起了不同级型蜜蜂的不同发育路径，这是受蜜蜂自身所控制的，并且是蜂群中唯一的特例：蜜蜂决定她们自身的发育条件。**蜂王浆对一个蜂群的健康至关重要。像哺乳动物中的母乳一样，蜂王浆给发育初期的幼虫提供对细菌感染的免疫力。**幼虫感染最流行的一种途径是通过病原体入侵消化道进行的，但是在这里，感染被蜂王浆和它的防御蛋白组分所阻止。

分析王浆时发现了一些成分，但目前仍无法解释其对蜜蜂发育和健

6.16 可以人工模拟子脾发育条件（右），饲养蜜蜂幼虫发育成蛹，并羽化成成年蜂（左）。

康的重要性（图 6.15，见附录的图）。

当蜜蜂幼虫从卵中孵化出来时就可以在实验室中人工饲养（图 6.16），这个过程经历所有幼虫期和蛹期，最后到成蜂。在蜜蜂的发育、级型决定和健康上，蜂王浆不同组分在这些情况下所起的作用可以通过实验来研究。

7

蜂群中最大的器官
——巢脾的构造和功能

巢脾是蜂群这个超个体不可缺少的组成部分，它影响着蜂群的社会生理学。

蜜蜂巢在蜂群这个超个体中起的重要作用是很明显的，其作用远远超过一般认为巢的功能，它不仅仅是一个由外界环境中的材料构建成的隐蔽处。蜂巢在一定意义上是蜜蜂自身的一部分。即使把巢房看成是蜜蜂行为的冻结图这种表述，也不能完全反应实际情形。海鸥在平坦沙滩上留下的足迹也可以说是它的行为的冻结图像。当然，那些足迹对于海鸥的生活没有什么更深远的影响，除非引来了它的捕食者。蜂巢作为蜜蜂的足迹，从另外一个角度上来说决定了蜜蜂的本性和生活。蜂巢作为一个中空房的集合体，至少从温和的气候和蜡质巢房两方面来讲，就不仅仅是一个生活空间、食物贮存所和哺育室，更是超个体的一个完整的部分，它有骨骼、感觉器官、神经系统、记忆系统和免疫系统。巢房和构建它的蜂蜡不完全是蜜蜂的产物，它们是蜜蜂生活中不可缺少的部分，并且与超个体的功能有密切的关系。

蜂巢，超个体的器官

原料、能量和信息是每个生命存在的三个基本的支柱。单个生物体的生理学描述了这些基本的因素在时间和空间上是怎样组织的。生理学家则详细地研究控制和调节生命的三种不同基础的机制。

蜂巢是蜂群的一个不可或缺的部分，因为它结构上的很多特性对蜂巢内材料能源和信息的交流起了非常重要的作用。一般意义上，蜂巢不是一个正常环境，蜜蜂在进化过程中已经适应了这种环境。作为一个蜜蜂自身创造的环境，它也与蜜蜂的任何其他器官或者特征一样，与进化程度有关。即使是可以离开蜂巢的采集蜂，她们一生中90%的时间也是在巢房内或巢房上度过的。蜜蜂在巢房里的生活使得蜜蜂和它们的蜂房之间的关系更紧密，而它们又共同构成了超个体。

1850年，法国著名生理学家克劳德·伯尔纳（Claude Bernard，1813-1878）提出了一个具有影响力的概念——“*milieu interieure*”，指的是生物的内环境，与生物的外环境有很大的不同。机体内部被某种机制精确地调控着，然而*milieu exterieure*（外环境）却是生物体无法控制的。这种精确调控的内环境称作“动态平衡”(homeostasis)。

然而,当这种动态的平衡应用到通过自身控制环境的情形时，比如蜜蜂，什么情况下才能称为达到内环境的稳定了呢? *milieu interieure* 和 *milieu exterieure*的不同之处就不再是表面意义上的不同了。没有清晰的伯尔纳模型 (model of Bernard) 以区别 *interieure* 和 *exterieure*，因为蜂巢是蜂群这个超个体的一个重要部分。蜂巢与超个体的其他部件一同，在进化过程中形成了其特性。蜂巢的性质是超个体的一部分，并且很大程度上影响着蜂群的社会生理和生物学适应性，例如可影响单个蜜蜂的新陈代谢和个体间的交流。就如蜜蜂在进化过程中形成了神经系统，蜂巢也就进化成了蜂群整体的一部分了。

蜂蜡工厂

蜜蜂自己生产筑巢材料,在这方面,蜜蜂是动物中的精英。蜂蜡由八个腺体产生，它们成对地位于蜜蜂腹部四节的腹板上。蜡腺就位于这些区域的一个光滑表面上，因此又叫做“蜡镜”(图 7.1)。

7.1 在工蜂腹部的腹板可以发现八个光滑的区域，即所谓的蜡镜，从腹部腺体分泌的蜡液流到蜡镜上，凝固成小的蜡鳞。

7.2 当需要蜂蜡建造巢脾时，工蜂就激活蜡镜下的蜡腺，每天挤压出八片蜡鳞。

蜡腺的形成是缓慢的，它的成熟需要一定的时间。工蜂蜡腺的分泌高峰期大概是在12日龄到18日龄之间，之后蜡腺会慢慢退化。

然而当有必要的时候，老年蜂的蜡腺会重新恢复功能。蜡腺是蜜蜂的一个重要组成部分，在人工调控下它的功能又会恢复，但这种情况只有在全是老年蜂的情形下才能实现。

分泌蜡腺时的日龄与很多因素有关，不仅影响到蜂蜡的产量，还与蜂蜡的作用有关。在解剖学、生理学和行为学上的高度可塑性是蜜蜂生物学的一个特性。

蜡质一旦分泌到蜡镜上，便硬化成小的片状蜡磷（图7.2）。

控制蜂蜡的分泌量是蜜蜂的独

7.3 蜜蜂用后足的一排刺状刚毛抓住蜡鳞，然后向前传递到口器。

特本领，这对蜜蜂的整个生物学有重要的意义。蜜蜂自身能决定筑巢所需要的原始材料的基本性质。就如同工程设计师能够掌握建筑材料的性能以适应自己的工程计划一样。

蜡鳞不是立刻被放置到蜂房上，而是先由工蜂后足特化膨大的节（图7.3）收集，然后经中足和前足送至工蜂的口器（图7.4）。

蜜蜂用上颚嚼碎蜡鳞，加入上颚腺分泌物，混合成黏度合适的蜂蜡。一只蜜蜂大概需要花4分钟生产一片蜡鳞。建8000个巢房大约需要100克蜂蜡，即大约125 000个蜡鳞（图7.5）。

当一个蜂群迁移到一个新的地方时，它们的蜂蜡产量非常高，分泌蜂蜡需要投入很大能量。一个分蜂群需要消化7.5千克的蜂蜜来生产1200克蜂蜡以建筑一个完整的蜂巢。用这1200克蜂蜡，蜜蜂将建造100 000个巢房，这样就构成了一个中等大小的巢。

7.5 在忙碌的巢脾建造过程中，蜡鳞常常掉到蜂巢底部，很容易看到蜡鳞夹杂在从上面掉落的花粉粒中间。

建造蜂巢

刚分蜂的蜂群所携带的蜂蜜可以满足5000个巢房的建筑，然后采集蜂会立即开始工作，后续的筑巢工程才能得以继续。蜜蜂通常在中空的树洞或石缝中筑巢，从顶部开始，将蜂蜡一点一点黏接在一起。蜜蜂可能同时从多个位置开始建造一个蜂巢。开始建造的位置（蜂蜡分泌堆积处）是随机的（图7.6），但开始点一旦确定下来，其他建筑者的工作也就随之确定了。

筑造各个巢房的稠密蜂蜡的堆积是相对的，因为一个正在筑巢的蜜蜂只是沿着已有的纹理将蜂蜡添

7.4 工蜂用她们的口器把蜂蜡揉成小块，并混入一种酶使蜂蜡易于制作。

7.6 新巢脾的构建起始于蜂巢顶上随机分布的小蜡块。

加上去筑巢。法国昆虫学家格拉斯(P.P.Grasse) 1959年提出，这种建筑构造的机制不需要从事该项工作的动物之间的交流，这种具有建造巢房本能的蜜蜂将一块块的蜂蜡叠起来，很快就形成厚厚一层蜂蜡。在巢房建造过程中，蜜蜂逐渐将安置好的蜂蜡铸造成一个个巢房。

巢房的各个部分都十分精确，对于蜜蜂建好的一个完整巢房，我们找不到任何不规则之处（图 7.7）。

7.7 建筑蜂经常同时在不同的位置开始建造巢脾。这不会导致严重问题，因为巢脾分开的两部分会象拉链一样结合在一起。

7.8 新巢脾构建或老巢脾修补之处所形成的生产线的功能，我们仍对此一无所知。

大量的蜜蜂参与巢房的建造，通常在巢房的边缘会形成一条生产线。她们用足相互联系、悬挂着，保持固定不变，这种情形可以持续很长一段时间（图7.8）。蜜蜂这种惊人行为的意义至今仍是个谜。蜜蜂是否是自己构建一个绳梯，然后将分泌到底层的蜂蜡收集起来运到建筑点，还是存在其他原因呢？我们还不得而知。

巢脾上巢房的形状是极其完美的几何形状，这种形状已经多次被用作艺术装饰（图7.9）。

经过仔细地分析，人们肯定了这种几何型巢房的构造，昆虫所建造的这种结构非常精确。每个巢房壁的厚度是确定的，精确到0.07毫米。巢房底的每个光滑菱形面的夹角是

7.9 由新鲜白色蜂蜡建造的新巢脾看上去非常漂亮。

120°（图7.10），并且巢房是垂直悬挂着的。巢房壁不是完全水平，而是稍微向下倾斜到巢房底部。相邻的两个巢房之间的距离一般是8～10毫米。

开普勒、伽利略和许多其他对数学感兴趣的科学家都对蜜蜂巢房非常着迷。因为他们很难想象蜜蜂在没有经过很好的数学计算的情况下却能造成如此精密的结构。

对蜜蜂生理学的研究，可以使人们更深入地理解这种巢房的平行构造和垂直悬挂是如何实现的（图7.11）。

蜜蜂触角上的板状感受器相连结的地方有许多感觉毛。当地球引力的作用改变蜜蜂身体某一部位时，作用的部位会像钟摆或杠杆一样移动，这些感受器就会兴奋（图7.12）。感受器就是以这样的方式通过地球

引力来决定方位的。蜜蜂通常是在黑暗中筑巢的，因此她们的视觉感受器不起作用。

借助对地球引力的感受，蜜蜂能够保持巢房的建筑是垂直的，并且整体方向从顶部偏向底部。巢房的大小是由一只蜜蜂占巢房空间的大小来决定的。当蜜蜂从巢脾的一面爬到另一面时，她必须毫不费力地经过一个一个的巢房，（图 7.13）巢房的这种最小距离被严格地确定下来。

巢脾之间的窄缝使得空气得以流通，以保证蜂箱内适宜的气候。相邻巢脾并不是像平板一样的平，但是它们之间是平行排列的。至今未发现蜜蜂是利用什么感受器来实现这种定位的。这种感受器能够感受到地球的磁场。

但是，这种高度精确的正六边形的巢房是怎么造成的呢？**当认识到这种精确的类似晶体构造的形成机制仅仅是自我组织的一个过程时，人们或许会感到一些失望。蜜蜂对此机制贡献很少，它完全是自身形成的，却展现着巢房设计的巧妙性。**

蜂房的结构像晶体一样精密，关键因素是其建筑材料——蜂蜡的特性。胡蜂也能建造六边形的巢房，但是它的几何形状不是那么精确，而且其巢房实际上也是圆柱体的集合体（图 7.14）。胡蜂用的建筑材料是由木质纤维和唾液制成的纸浆。它们自己来定位巢房壁，来自相邻巢房壁的压力使得这种定位或多或少是规则的。这一点可以从蜂巢边缘的凸出巢房看出来。

7.10 人类长久以来着迷于蜜蜂巢脾的几何学奥秘。

7.11 （双彩页左图）自由构建的巢脾垂直悬挂，在中空的树干里互相平行地排列。

7.12 （双彩页右图）重力感受器位于蜜蜂的腿部关节连接处、头与胸之间、胸与腹之间，蜜蜂使用来自这些感受器的信息保证在黑暗的蜂巢中巢脾垂直排列。

7.14 胡蜂用它们咀嚼过的木头所产生的浆状物构建蜂巢，与蜜蜂的巢脾相比较，胡蜂巢脾的几何学不够精确，缺乏准确的拐角和明显的边缘。

而蜜蜂巢房的构造却是如此完美。蜜蜂决不会比胡蜂更具有建筑天赋，但是蜜蜂却能够将蜂蜡作为其有效的建筑材料。

蜂蜡包含300多种不同的化学成分。当把这些化学物质混合在一起时就会形成一种具有液体的物理性质的物质，尽管在低温条件下它为固体状态。蜂蜡就如玻璃一样，从物理性质的角度来看，它就是一种液体。

7.13 蜂路的宽度，或相邻巢脾之间的距离是设定好的，以保证蜂路两边的蜜蜂有足够的空间彼此背对背通行。

固体物质有一个明确的熔点，而当玻璃被加热时，它会渐渐地成为液体状态，蜂蜡也类似。然而不同的是，随着温度的上升，蜂蜡性质的改变不是连续的。

蜂蜡的完整内部结构有三种基本的情形。一种是高度结构化的晶体状态，所有的蜂蜡分子相互之间严密地成直线平行排列。第二种是非晶体状态，这种状态下的蜂蜡分子完全是无规则的，各个方向都有分布。还有一种是拟晶体状态，这是一种介于上面两种极端状态的中间情形。在这种结构状态下，可以同时发现非晶体的和晶体状态的蜂蜡。

加热的蜂蜡是呈非晶体状态的。

蜂蜡从晶体状态和半晶体状态过渡到非晶体状态，不是一个循序渐进的过程，而是分两步，一步大约在25℃，另一步在40℃，即所谓的两个过渡温度。蜂蜡颗粒之间的移动在过渡温度时变化得很剧烈，表现为其韧性的改变。

蜂蜡的这些物理性质，加上蜜蜂可以使体温保持在43℃，使得在几何学上如此完美的蜂巢得以形成。

1637年，在没有先进技术的协助下，雷姆南特（R.A. Remnant）观察发现："蜜蜂加热使得蜂蜡温度上升并具有了柔韧性，这样她们就可以直接利用分泌的蜂蜡来筑巢"。然而，由于错觉，雷姆南特有一天错误地认为蜜蜂是从花上收集蜂蜡的。

蜜蜂用自己的身体作为模板开始建造巢房壁，围绕自身建造圆柱状的巢房。建造好的圆柱状巢房底部是光滑的半球型，这样巢房可以保持几个星期完好。

最初的巢房是圆柱形、管状的，只有在蜜蜂的作用下，温度升至37～40℃时才是典型的六边形结构（图7.15、7.16）。通过热敏照相机的

7.15 巢脾的巢房最初是建成圆柱形的，在长期的进化过程中，蜜蜂选择了精确的六边形巢房。

观察发现，在巢房建造处，蜜蜂对蜂蜡加热到一定程度时，细细的蜂蜡巢房壁就开始形成。就如我们看到两个肥皂泡相遇一样，巢内壁间的机械压力的作用使得相邻巢房壁笔直。这种情况使得由蜂蜡填充的结实的其他巢房壁也伸展成直线状，最后获得一个完全光滑的平面，厚度是0.07毫米，并且使相邻的两个面呈120°的夹角。

触角末节被截去的蜜蜂不能建造出完美的巢房，其厚度大约是正常的两倍，并且巢房还有洞。这是因为蜜蜂用来测量她们四周温度的感受器存在于触角中，而其中大部分在触角的末端，触角的截除处理使蜜蜂失去很多感觉，并且对温度也不敏感。从这一点可以推测，残疾的蜜蜂不能够对蜂蜡进行加热，不再具有正确的感知温度的能力。

蜂蜡被加热时，类似晶体构造的巢房就一片一片地形成了。背对着光看巢房，感觉底部是由大小相同的三个菱形组成。这是新建巢房上的一种视觉幻觉，由巢脾另外一面巢房的半球型底部造成（图7.17）。

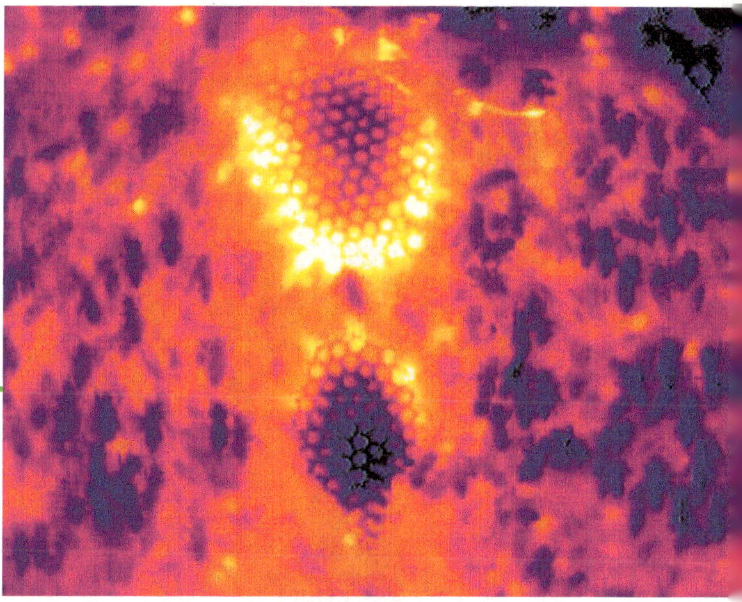

7.16 热敏照片显示了建筑蜂正在建造的两个巢脾位置，建筑蜂加热蜂蜡，使其变软，蜂蜡借助内部张力形成规则的六边形巢房。

随着时间的推移，巢房底部变得越来越薄，巢房壁也是同样，由此形成了三菱形的完美巢房。

这个过程可以人工模仿，所用的材料是经过加热的紧密压缩的蜡状圆柱面。慢慢地，没有蜜蜂的帮忙也形成了六边形的巢房。1984年，蜜蜂在NASA航天飞机上真空情况下建造的巢房与在地球上建造的一模一样。这种具有形成巢房壁内部作用力的结构除了蜜蜂必须对蜂蜡进行加热之外，不需要其他任何帮助。在太空中，仅仅巢房的水平定位是无序的，在缺少重力信号的条件下，这是可以预见的。

上文所描述的由蜜蜂自我组织建造的巢脾不仅具有惊人的几何形状，而且还有精密的静态和动态两种性质。在巢房建造过程中，这两种性质在不断地被控制和纠正着。

数学家多次重复，有力地证明了蜜蜂巢脾的几何状结构是利用了最少的蜂蜡建造出了一个具有最大容积的结构。这个观点由希腊的天文学家和数学家帕普斯（Pappus of Alexandria，290-350）最先提出。这个结论对于巢房边缘以下的巢脾是适合，但是如果把较厚的边缘计算进去，就需要增加蜂蜡量的30%，甚至50%，就贮存容积来说，就不再是最佳的了。

巢脾不仅包含蜂蜡。蜜蜂也利用树脂，她们从植物上收集树脂，并将其作为一种添加物储存于巢房壁中，或者混入蜂蜡一起构建巢房壁。正是这种混有树脂的蜂蜡使得蜜蜂有了多功能性的巢脾。

7.17 新建成的巢房底部是半球状的，在巢房壁的底部出现三个菱形图像，这些菱形是由巢脾另一面的巢房壁基部形成的。

巢脾的功能

巢脾以及它所包含的100 000到200 000个巢房具有以下诸多功能：

- 栖息地
- 产蜜所
- 贮存蜂蜜
- 贮存花粉
- 培育幼虫
- 通讯系统
- 信息储存
- 特定蜂群的特有标志
- 抵抗病原体的第一道防线

以上列出的前四项不需要蜂蜡具有什么特别的性质就可以满足，仅仅是巢内特殊区域的适当划分。后面五个功能就依赖于建筑材料的特殊理化性质了。

这些都依赖于筑巢材料的成分

一些巢脾主要用来储存蜂蜜，它们都位于蜂巢边缘。子脾位于蜂巢的中部，有时幼虫也分布到相邻的其他多张巢脾上。这些巢脾都分成三个区域：①有卵、幼虫、蛹的巢房位于中心区；②紧邻的巢房是储粉区；③边缘的巢房则是储存蜂蜜的。在蜂群个体大量繁殖期，雄蜂房的存在使这种分布结构更复杂（图7.18）。

储粉的巢房不封盖，花粉因混有花蜜而被牢牢地固定在巢房内（图7.19）。这种从花上采集回来的松散花粉做成的固体混合物就不需要封盖了。

加热和蒸发水分是将花蜜转化成蜂蜜必需的两个过程。这都是由蜜蜂自身体内产生的热量实现的。

当巢房内的花蜜被蒸发到适当的黏度时，巢房就被封盖。巢房的水平长轴轻微地向内倾斜，这样可以防止蜂蜜在巢房封盖前流出来。

一个蜂群一个夏季大约可以产300公斤蜂蜜，大部分蜂蜜是用于加热的燃料（►第8章）。

大量蜂蜜的储存同样带来危险，比如这些地方是微生物的富集之处。蜜蜂通过唾液腺分泌抗细菌和抗真菌的多肽和酶混入花蜜中，以阻止这些微生物的入侵。

如此丰富的蜜库也容易吸引掠夺者的目光，来自其他物种或相邻蜂群的一些竞争者想通过捷径获得蜂蜜，这种情形主要发生在夏末或蜜源缺乏期，也正是在这个时期，蜜蜂很凶（图7.21）。当一只蜜蜂攻击

7.18 巢脾是蜂群中所有等级蜜蜂的托儿所，雄蜂蛹在大的有凸起封盖的巢房内发育，工蜂蛹在小的具扁平封盖的巢房内发育。

其他蜜蜂时，她可以很容易恢复自己的螫针。动物（比如哺乳动物）在进化中也具有带刺钩的螫针，但在后期就消失了。而蜜蜂却是个特例，这可能被认为是它们在进化中的一个错误。

螫针具有毒腺、少许的肌肉和神经细胞，如果从蜜蜂身上剔除螫针，蜜蜂会因腹部受到重创而死亡。然而因此死亡的蜜蜂非常少，所以，蜜蜂进化的结果仍是有螫针的。

被撕裂出来的螫针的肌肉仍然是有活力的，并继续操纵着螫针的各个部分。蜜蜂的螫针扎进其他组

7.19 （双彩页左图）花粉以块状或粉末状存放在巢房内。

7.20 （双彩页右图）新鲜的花蜜在巢房内闪光。

7.21 当外界蜜源贫乏时，常常发生蜂群之间蜂蜜的争夺战，战斗在蜂巢的入口处或蜂巢内爆发。

织中后，位于螯针下部的腺体会释放出报警激素，以召集同群的其他蜜蜂来攻击敌人。正因为这样，最好不要离蜂箱太近，除非你想尝试被螯的滋味。

巢脾上蜂卵、花粉、蜂蜜的分布在生物学上是意义重大的。**蜂卵位于巢脾的中部，这样可以得到最好的保护；花粉则在子脾的外围，这样就有利于蜜蜂饲喂幼虫；巢脾的其他部分就是蜂蜜了。**

但是，这样的划分是怎样形成的呢？是谁来调整和分配这项工作呢？

蜜蜂又是一个分工合作、自我组织的好榜样。

蜂卵-花粉-蜂蜜这种分布形式是共同合作的：蜂王布置她的卵，工蜂也可协助；采集蜂把蜂蜜传给巢内的工蜂，并由巢内的工蜂来贮存蜂蜜；采粉蜂把花粉携带回巢，并直接把花粉存放到巢房内。关于这种分布形式如何开始的问题，我们则需要寻找控制每个巢房内蜂卵、花粉及蜂蜜的存放或者转移的原则。

巢脾上的每个巢房可多次使用，并可以存放任何一种物质——蜂卵、花粉、蜂蜜。在有巢脾的蜂种中（如大黄蜂、无刺蜂和胡蜂），蜜蜂巢脾的功能是独一无二的。与蜜蜂相比，其他蜂种的巢房就只有一种功能。

在仲夏，蜂王在一个空巢房里每分钟可以产一个卵。蜂王每天可以产1000到2000个卵。尽管巢脾是规则的几何形，但蜂王在产卵时却是没有顺序的。相反的，蜂王喜欢在位于巢脾中央的周围有子脾分布的空房内产卵。就这样，中间不间断分布的子脾区域就形成了。完整的子脾巢房在蜜蜂社会生理学上是非常重要的。花粉分布在蜂卵的四周，蜂蜜分布在巢脾的外缘（图7.22）。

蜂箱内蜜蜂储存花粉和蜂蜜的工作是惊人的。一个蜂群每季大概可以产300千克蜂蜜。完成这项工程，蜜蜂需要来回飞行750万趟，总计2000万公里，这个距离相当于地球到火星距离的一半，这是按每只采集蜂回巢时蜜囊里装满花蜜计算出来的。每只蜜蜂一次的采集飞行最多能够携带40毫克花蜜，稍重于蜜蜂自身体重的一半。蜜蜂储满一个巢房需要进行25次飞行。蜂蜜是由一群特殊的蜜蜂加工花蜜而成的。

每只蜜蜂的两后足一般可以携带15毫克的花粉回巢。一群蜜蜂每年大概可以采集20～30千克的花粉，这样她们要进行2000万次采集飞行。

这种巢脾上典型的蜂卵、蜂蜜、花粉的分布，是由蜜蜂的自身调节过程形成的。

原则上来说，可能存在一些未知的因素决定着巢脾的特殊空间分布，同时也支配着分布类型。这些因素可能是一种化学信号或是一些物理

性质（比如巢房的力学特性或温度）。这可以通过移走子脾或将子脾以不同的方式放回蜂群来证实。在一个较短的时间内，蜜蜂会对那些打乱的次序进行修复。

由此可以得出，没有特别的模式来标志巢脾上的巢房的位置。

一些简单的原则形成了这种具有集中性分布的巢房：蜂王总是在子脾附近产卵；蜂蜜的分布总是比花粉更广，蜂蜜的挪动也比花粉快。邻近子脾的花粉和蜂蜜被移动的速度是较远地方的10倍。

正如第6章中所描述的，花粉用于生产蜂王浆。在第8章中将介绍，蜂蜜为蜂卵提供能量。与花粉和蜂蜜巢房快速循环不同，蜂卵的发育时期相对长，从而形成了这种稳定的巢脾中心结构。产卵量、花粉和蜂蜜对这种类型巢脾的形成不起作用，而仅仅是决定分布的迅速程度。

对蜂群来说，蜜蜂的巢脾是一个可以进行信息交流的网络系统和记忆贮存器。巢脾就像是作为超个体成员的蜜蜂之间进行信息交流的蜡做的电话线。巢脾作为记忆储存器，包含蜜蜂用来进行空间定位和鉴别的基本化学数据。

电话线

巢脾上的巢房上部边缘是凸出的（图 7.23）。这类巢房上缘能传递低幅度振动，这对生活在完全黑暗的没有光信号蜂巢内的蜜蜂间的信息交流起了很重要的作用。

70年前，冯·弗里希就推测出这种振动可能在蜜蜂舞蹈语言上起了

7.22 子脾、花粉和封盖蜜在巢脾上不是随便分布的，而是有一定的模式。

很重要的作用。近来，他的这种推测已经通过一个简单的行为实验得到完全证实。蜜蜂在空巢房上跳舞，将信息传递给新成员，蜜蜂也在封盖的表面光滑的巢房上跳舞传递信息，但前者能吸引更多的蜜蜂到取食地点，大概是后者的三四倍。这种在空巢房的信息交流功能比在牢固的平面上要好得多。

就至今所了解到的这种信息交流的详情表明，巢脾还不是这种振动的确切的传输线，就像是植物的茎只是某些昆虫的接头信号一样。

7.23 蜜蜂巢房由很薄的蜂蜡壁、顶部凸起约0.4毫米厚的封盖组成，在巢脾表面形成一个具有六边形网孔的网。

蜜蜂似乎已经发现了蜂蜡物理特性和她们自身的信息交流行为之间有一种复杂的相互关系。

自由营巢的亚洲大蜜蜂和小蜜蜂的巢房没有凸出的边缘。这些自由营巢的蜂群，由上千只蜜蜂紧密地挨在一起，形成一个有生命的袋子包裹着巢脾。大多数的信息交流发生在这个生命袋中，而不是巢脾上。

相反地，生活在空穴中的蜜蜂大部分时间在巢脾上。巢脾的厚边缘形成了一个网状结构依附在薄的巢房壁上，并且很容易在一个小的距离内发生移位，就像是一个被推到一边的球网一样。

当那些厚的巢房边缘发生移位时，这种振动能传遍整个巢脾。这既不是纵向波形也不是横向波形，更确切地说是一种非常快的有序的变形。

这种遍布巢脾的振动最佳频率范围是230～270赫兹，不论巢房是否存有蜂蜜，在这个频率内振动的摆幅都可以达到最大。封盖的巢房能阻止这种振动的传播，当蜜蜂在封盖巢房上跳舞时，就算是邻近的空巢房也接收不到这种振动。但是，如果封盖巢房的区域就像是一个岛屿一样，四周是空巢房，那么振动在封盖巢房岛屿周围传播。

在空或非空巢房上的最佳振荡频率的传播独立性是令人惊讶的，这种性质使得工程师对巢房的结构更感兴趣。蜜蜂巢脾不仅具有明显值得模仿的结构特性，比如利用最少的材料建成具有最大稳定性的建筑，而且可以让我们从中学习一些非常有用的具有动力学特性的技术。那种机械的装载不但不影响信号的传播，可能还会促进巢脾广泛信息交流系统的发展。

发现巢脾的最佳振动频率范围为230～270赫兹并不奇怪，蜜蜂跳舞的振荡频率也在这个范围内，蜜蜂以短脉形式跳摆尾舞（►第4章）。蜜蜂如此精细地控制着巢脾的构建，可以看出，她们可以使电话线似的网络系统更完善，以使自身的信息交流达到最佳。材料的特性、巢脾的结构和蜜蜂的行为，这三者之间得到了完美的统一。

有三点值得我们仔细考察研究：

- 是什么原因使得蜜蜂协调她们的电话网络？
- 在这个电话网络系统中是否存在单个的电话线？是否会发生信息阻塞的现象呢？
- 一万只蜜蜂的背景噪音究竟是如何过滤出来的？

调整电话线

巢脾蜂蜡的温度是影响这种电话网络系统最重要的因子。随着温度的上升，蜂蜡对振荡的机械阻力下降，这样蜜蜂就很容易在巢房壁的边缘设置传输网络。34℃是最适合的温度，如果高于这个温度，那么整个系统就会跨掉。因为在大于34℃时，蜂蜡很柔软，就容易发生变形而不利于振荡的传递。蜜蜂跳舞的区域在早上是冷的，但是经过蜂群最初几个小时的采集活动，该区域的温度就会上升到一个合适的值。蜜蜂利用自身的温控能力也可以正确地调节舞蹈区域的温度。

当蜂群被放置到一个极限气候条件下，比如蜂群处于加热状态时，蜜蜂也可以调节蜂蜡的温度。在那种条件下，蜜蜂利用了一种工程建筑策略作为蜂蜡材料的添加剂。如果决定巢房壁振荡特性的蜂蜡温度不太合适，蜜蜂就会将蜂胶作为一种添加剂混入蜂蜡做成巢房壁（图7.24）。蜂蜡和树脂的混合物是复杂而不均匀的，其空间分布经过了调整，使得蜂蜡的共振性能处于适当的谐调区域。

7.24 蜜蜂加固巢房边缘需要蜂胶的机械支撑。

7.25 养蜂者用木质巢框包围巢脾四周，这阻止了“巢脾网”的水平位移，严重危及通讯。蜜蜂修改了跳舞区域的巢脾构造，在巢脾和巢框之间加入缺口，这样就能使振动信号传播开来。

就像将一些小的金属片加入到水泥中以增强它的牢固性一样，蜂胶被捏合成一些小的片断加入到蜂蜡中，做成巢房盖和巢房壁。人类建筑工程师也模仿蜜蜂，以获得高致密性和高耐受力的混凝土。

气候条件不是影响蜜蜂巢脾结构的唯一因素。养蜂人员的一些措施也在无意识中影响着蜜蜂的这个电话网络系统。养蜂人为了方便移动巢脾，采用木质的框架把巢脾框起来。这种框架把巢脾的四周完全围绕起来，限制网络系统的表面移动，使得它无法穿过巢房边缘，这样就不再有扩展和收缩的游离边缘。蜜蜂不在这样的巢脾上跳舞，因此不会受到干扰。这样的巢脾一直像蜂农最初设置的一样保持着完整无缺。在有蜜蜂跳舞的巢脾上，蜂蜡和木质框之间会形成很大的间隙（图7.25），这样信号交流就可以完全恢复了。

振动通信系统的单一分支

最轻微的振动性紊乱会传递到巢脾的每个角落，遍布于巢脾边缘表面的网络系统。当不同蜜蜂同时跳舞时，她们之间的相互干扰是怎么避免的呢（图7.26）？

7.26 在采集高峰期，几只舞蹈蜂（如图中四只被标记的舞蹈蜂）将同时跳舞，她们往往来自不同的蜜源。

这个问题很容易地就由在场的蜜蜂解决了。

表面网络组织的移动在蜜蜂较少的地方移动得较远，因为蜜蜂少的地方空间大。在蜜蜂密集的区域，巢脾的负载量大，这种情况造成的影响就如用一个盖子把巢房盖住一样，信号传递受阻。振动被阻碍，并且只能传递几个毫米的距离。因此，振动信号的传递范围和被召集的蜜蜂聚集处要调节得大致吻合。

从巢脾结构带来的噪音所造成的弱信号

一般讲，正常情况下的通信信号，比在四周有干扰或有背景噪音的条件下要好。但这在蜜蜂摆尾舞的振动上却不相符。上千只的蜜蜂在同一个巢脾上活动，各自忙着自己的事情，这样产生了断断续续的背景噪音，但是有用信息的强度并没有超过这些噪音。蜜蜂是怎么样去识别弱信号的呢？

探测噪音背景下的弱信号的问题可以用射电天文学的方法解决，就是将两个相离较远的天线连接起来，将来源不同的信号进行比较，它们是微弱的有规律信号，来自不同距离的星球的信号可以通过它们的同步性来加以区分。

每只蜜蜂足上都有与巢脾相关的六个空间分布的接触点。这样，蜜蜂就可以比较六只足间的振动，这类似于射电天文学的原理。

通过比较巢脾边缘网络系统结构上不同点的信号就能识别出一种振动形式，而在一个点上就观察不到，这可能吗？

我们发现巢房边缘移动所带来的遍布巢脾的振动，形成了巢房边缘运动的极其规则的表面图画。

拿一个最简单的例子来说，仅仅是一个巢房边缘的振荡移动会导致：整排巢房中相对的巢房壁将同时向相反的方向移动，然而，就整排中的单一巢房来说，凸起的上缘彼此反向移动（图 7.27）。

因为蜜蜂是六只足都附在巢房壁上，可以想象作为振动传感器的蜜蜂四周会有好几个“搏动巢房”。接受到巢脾振动信号的蜜蜂就会站在巢房的边缘，通过她的足将信号传递出去，范围是三个巢房的大小（►图 4.26）。而且在黑暗中，蜜蜂还能探测出不同振动程度的信号，这是由她们足上的振动感受细胞来实

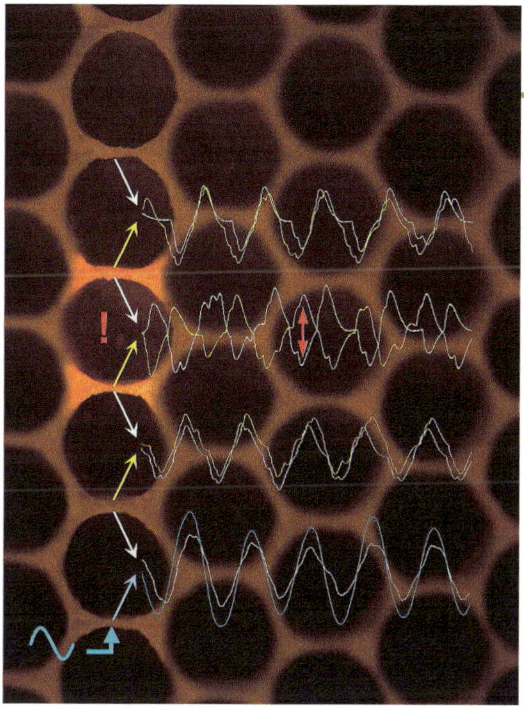

7.27 振动以巢房上缘水平位移的形式传播出去，形成一种由巢脾的物理和几何学特性决定的二维模式，在黑暗的蜂巢内传播舞蹈蜂的位置信号。如果一个巢房的上缘（这里用蓝色箭头表示）发生振动，那么这一排中的其他巢房上缘也会发生相同方向的振动，除了一个巢房壁反向振动的巢房（红色叹号标志）外。因为一只舞蹈蜂不是用一只足而是六只足使巢房壁产生振动，所以会有若干个如此"振动"的巢房围绕着一只舞蹈蜂。

现的。

显像记录的行为分析证实了如下观点：采集蜂回巢跳舞，立刻就有跟随者学着跳，甚至跟随跳舞的蜜蜂已经提前做好了准备，这样跟随者能第一时间判断回巢跳舞的蜜蜂的位置。

一旦探测到舞蹈蜂要在哪里跳舞，跟随蜂就将头朝向舞蹈者（►图4.26）。这样她就可以朝着适合的方向直到可以接触到跳舞的蜜蜂，于是跟随者也就立刻随着跳起了舞。

根据物理测定法探测到的增加的"搏动巢房"的位置，以及当追随者探测到跳舞蜂时所进行的行为学分析的结果，类似的现象也将发生。用物理测定法测定"搏动巢房"的位置和行为分析探测舞蹈蜂的位置意义是一样的。这个观察结果表明很可能是巢脾上的二维形式的振动引导蜜蜂接近舞蹈蜂，甚至是在有噪音的巢脾上。在牢固表面或在一群蜜蜂上的舞蹈（图7.32），都不能吸引离舞蹈蜂较远的蜜蜂。

化学记忆储存

随着时间的推移，蜂蜡中长链碳水化合物将分解，蜂蜡组分中的水将蒸发到空气中去，蜂蜡的化学成分会发生改变。蜜蜂混入到蜂蜡中的酶也会改变蜂蜡的结构。一段时间之后，巢脾就会“变脏”（图7.28），幼虫的残骸、蜂卵的排泄物，还有储存进来的花粉和树脂等都会使巢脾变得不干净。刚开始化学性质相同的蜜蜂巢脾最终将披上一层彩色的化学毛毯。

蜜蜂能够用触角识别出蜂蜡成分中细小的差别。她们不必和蜂蜡接触，只需通过蜂蜡的气味就可以辨别出不同之处。

蜂蜡对于蜜蜂来说是一种有历史的物质，蜂蜡上面的记忆痕迹所提供的信息帮助蜜蜂在黑暗中定位。因此蜜蜂喜欢将花蜜和花粉储存在老巢脾上，而不喜欢新巢脾。

和其他昆虫一样，蜜蜂体表覆盖一薄层蜂蜡以防止脱水。这种蜜蜂体表的蜂蜡基本上和巢脾蜂蜡、蜜蜂腹部蜡腺产生的蜡的最初结构是相同的。

7.28 在蜂巢内可以发现老巢脾或含有其他杂物的巢脾与新巢脾在一起（左图：老巢脾；右图：新巢脾），它们的化学成分有很大不同，从颜色上也可以很容易区别开来。

蜜蜂体表的蜂蜡成分也不是完全一样的。遗传学上成分的鉴定证明了全同胞姐妹蜜蜂之间角质层蜂蜡的相似性高于半同胞的姐妹蜜蜂，而且她们的体表蜂蜡与蜂王的相同，跟雄蜂的不一样。蜜蜂的生存环境也会影响到角质层蜂蜡的成分，因为蜜蜂表皮的那层蜂蜡也会吸收巢脾蜂蜡的成分。蜜蜂体表蜂蜡的气味带来了蜂群的特异性，这样守卫

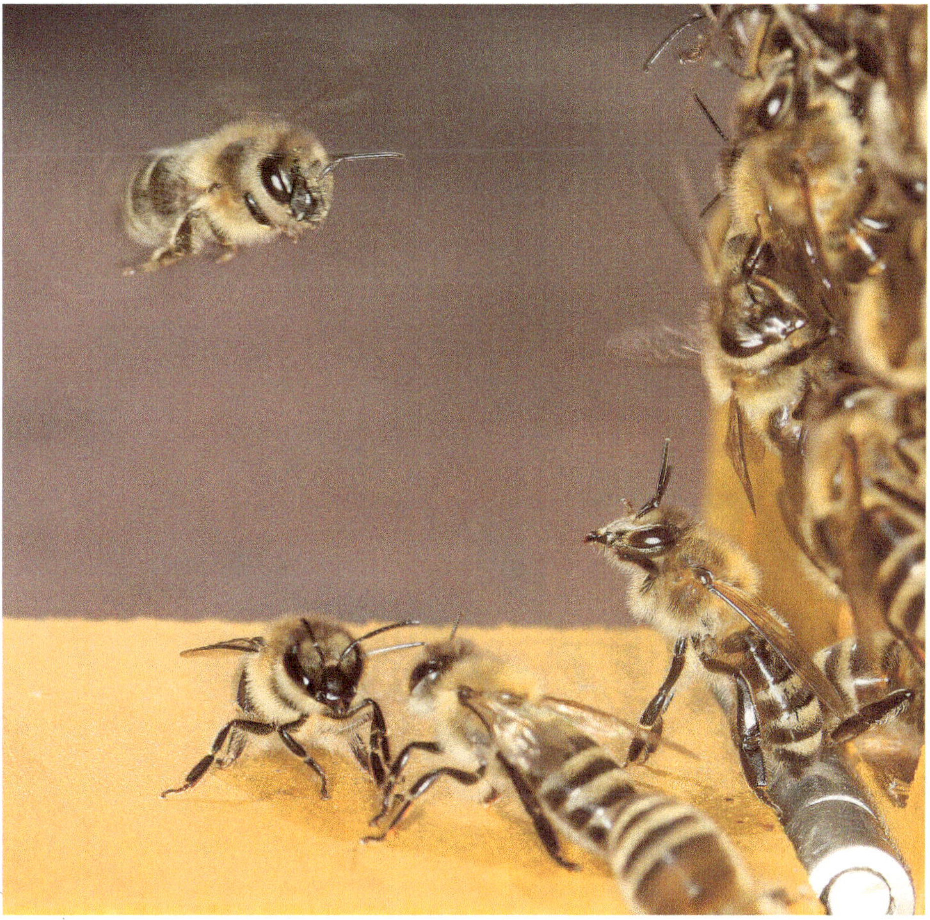

7.29 两只守卫蜂处于典型的警戒状态，包括对地面和空中的监视。

蜂就可以根据那个气味来判别蜂巢门口的外来者，以便把它们驱逐出去（图7.29）。

外来蜜蜂对守卫蜂的这种严备的把守并不是没有任何应对措施的。外来蜂会用大量的花蜜贿赂守卫蜂，凭着这样的“假证件”，守卫蜂通常会让外来蜜蜂进入到蜂巢中（图7.30）。

蜜蜂不仅利用蜂蜡的化学性质，而且将巢脾蜂蜡作为标记她们自身化学物的基质。蜜蜂跳舞的平台就是一个很好的例子。

在一个5平方米的巢脾上，蜜蜂只在10平方厘米的范围内跳舞，进行信息交流。活跃积极的采集蜂会在那个舞台上等蜜蜂回来跳舞以获取蜜源信息。

蜜蜂跳舞的区域有一种化学信号。我们可以小心地把蜜蜂跳舞区域切去，然后移到其他地方，被切去的部分用其他地方的巢脾平整地填好。这样处理之后飞回来的第一只采集蜂直奔先前她飞行回巢跳舞的地方。但她不会在那跳舞，而是寻找被替换的跳舞区域，一旦找到跳舞

7.30 一只被盘查的蜜蜂（左）用一滴花蜜贿赂蜂巢门口的守卫蜂（右）。

7.31 蜂胶贮存在蜂巢内的不同位置。

平台，蜜蜂就立刻开始跳舞。下一次采集飞回来，她就直奔新发现的跳舞平台。如果接下来每天都有采集，那么这只蜜蜂就会一直在最开始找到的那个平台上跳舞。

这些现象说明蜜蜂跳舞的区域带有化学标记信号，如果该区域没有蜜蜂跳舞，那么跳舞平台上的这种化学信号就整晚散发着，第二天又附上新化学信号，这些信号的化学成分至今未知。

清理

很少有生物像蜜蜂一样如此亲密接触地生活在一起。也正因为如此，给这个超个体带来了严重的健康危机。控制疾病的传播这个巨大压力使蜂群具有了对控制和治疗疾病特别高效的方法。巢脾是抵御病原体的第一道重要防线，子脾巢房壁被精细地覆盖一层薄的蜂胶，这对于阻止病原的传播也是很重要的。蜂胶有抗细菌和抗真菌的性质，可以阻止或降低真菌和细菌对蜜蜂的感染。蜜蜂在蜂巢内储存了大量的蜂胶，可以随时派上用场（图7.31）。

大的动物（比如老鼠）闯入蜂巢后被蜜蜂螫死在里面，蜜蜂无法将它们拖出去。尸体的腐烂对蜂群的健康很不利，蜜蜂就用蜂胶把那些尸体包裹住，这样就等于把它们处理掉了，而不会再影响蜜蜂的健康。蜜蜂的这种行为被古埃及人借鉴来保存死者的尸体。蜜蜂当然就是第一个制作木乃伊的了。

用于筑巢的洞穴

尽管蜜蜂能把她们的内部管理得有条不紊，但却不能为蜂巢开凿庇护所。她们需要依靠外界环境。中空的树洞通常可以给蜜蜂提供舒适的住处。岩石间的裂缝也是蜜蜂筑巢的适合之处。在高度文明的环境中，蜜蜂只有依赖人类提供的蜂箱才能度过炎热的夏季和寒冷的冬季。

分蜂总是仓促的。分蜂群所携带的食物有限，并且风暴会很容易吹毁挂在树枝上的蜂群。大概有200～300只的侦探蜂外出寻找新的筑巢地，如果哪只蜜蜂找到了，就会飞回原蜂群，通过舞蹈把那个地方的方向和距离告诉别的蜜蜂，这类似于寻找到食物之后回巢跳舞（图7.32）。

只有靠近跳舞者的几只蜜蜂会知道新筑巢地点，因为蜜蜂是在其他的蜜蜂身上跳舞，没有振动，跟随者就无法吸引其他蜜蜂。这与蜜蜂寻找蜜源是不一样的，很多蜜蜂会知道蜜源的地点，但是却只有一小部分蜜蜂知道新的筑巢点在哪里。

刚开始，侦察蜂侦察到不同的地方（大概20多处），她们用舞蹈告诉大家很多不同的筑巢地。

7.32 一只侦察蜂（白点标志）发现一个合适的巢洞，在分蜂团的其他同伴身上跳摆尾舞，这跟在巢脾的振荡舞蹈区域跳舞不同，只有非常少的跟随者被激活。与发生在振荡舞蹈区域的舞蹈相比，分蜂团内只有一只或两只工蜂追随跳舞蜂。

蜜蜂是怎样讨论最后定下一个筑巢地的呢？只有一只蜂王，所以就只需要一个筑巢地。那么蜂群将选择哪个筑巢地呢？

蜜蜂对普通的或者少数较合适筑巢的地点进行分析，然后安静下来，最后的舞蹈将确定最好的筑巢地点。而那些提供了地点信息却没有被选中的蜜蜂就会加入其他蜜蜂当中去。

影响蜜蜂决策的新洞穴的特性：

- 离原巢的距离（不能太远也不能太近）
- 新巢穴的大小（不要太大但是以后可以扩大）
- 洞穴离地面的高度（不能太接近地面）
- 洞口的结构（洞口不能太小，那样不利于采集蜂进出；但也不能太大，那样容易招来敌人的攻击）
- 洞内必须干燥
- 洞口的地理位置朝向（朝南有利于蜜蜂在早春感受到阳光的温暖）
- 有以前的老巢脾存在

当发现一个空穴时，侦察蜂就会围绕洞穴慢慢飞，并根据以上的那些方面来判断那个地方是否合适，然后还会飞到洞里调查洞穴的内部情况。蜜蜂为检查洞穴内壁总共将要飞行50米甚至更远，她们不放过任何一个角落，检查内部墙壁的状况，也估测空穴的体积。

20 000只蜜蜂一起迁移到一个新的地方不是件简单的事情（图7.33），一系列的信息交流机制确保其搬迁成功。

年幼蜂被侦察蜂带到新的巢，开始认识新巢的位置，这些蜂大概占蜂群蜜蜂总量的5%。这些蜜蜂在新巢内和蜂群之间来回飞翔，并不停地在蜂群的表面跳舞。蜜蜂就一直在新巢门口，围绕门口飞行发出嗡嗡声，并用来自腹部纳氏腺的信息素来标记巢的位置。这一行为也类似于采集蜂吸引新成员到蜜源处（▶第4章）。

因为是在蜜蜂身体上跳舞，无法传递振动，所以只有一小部分跟随者，却还有很多很多的蜜蜂不知道新巢的地点。事实上，大部分蜜蜂，

7.33 侦察蜂在这棵树上发现一个理想的蜂巢建造地点。

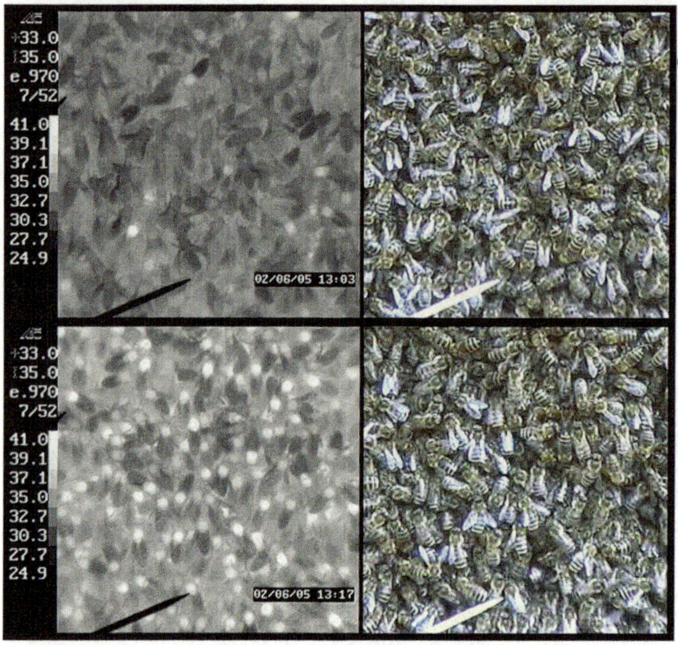

7.34 一个分蜂团迁飞之前的15分钟（上）和1分钟（下）的热感照片（左）和普通照片（右）。普通照片看不出两者有什么不同，但热感照片显示所有发出"哔哔"声的蜜蜂的温度已经升高，温度可以从左侧的标尺上读取。指示器用于识别个体蜜蜂。

特别是在蜂群中心部分的蜜蜂对在蜜蜂体表上跳舞蜜蜂所传达的信息一无所知。那么，是谁能够使整个蜂群（包括工蜂和蜂王）全体迁移到新巢呢？

渐渐地，跳舞的蜜蜂停止跳舞，并进入到蜂群的中心区。她们沿着空间的路前进，穿过大量蜜蜂并尽可能地对她们所接触到的蜜蜂发出信息。那种高音调是通过蜜蜂的飞行肌产生的，这种音调作为一种振动被传递到每个被接触到的蜜蜂。就这样，不到10分钟，整群蜂就渐渐行动起来（图7.34）。

一旦分蜂团内温度达到35℃，蜜蜂就会在空中立刻分散开来。几米宽的云层般的蜜蜂嗡嗡叫着，飞得较慢的蜜蜂跟随较快的蜜蜂。那些知道新巢地点的蜜蜂引导整个蜂群前进，她们在蜂群中来回迅速地飞着，带领整个蜂群飞向新的住所。球状的蜂鸣团渐渐变成一支粗雪茄形状的蜂团，然后整个朝目标飞去。侦探蜂用她们来自腹部的纳氏腺分泌的化学信息素标记好新巢门口，以等候新的蜜蜂的到来。

蜜蜂到了一个新的地方，就开始生产蜂蜡。蜜蜂先用口器将洞内壁清理干净，把木屑移走，然后覆盖上一层蜂胶，通风的地方也用蜂胶堵上。这些事情做完，一个新的蜂巢就建立好了。

一个新的蜂群诞生了。

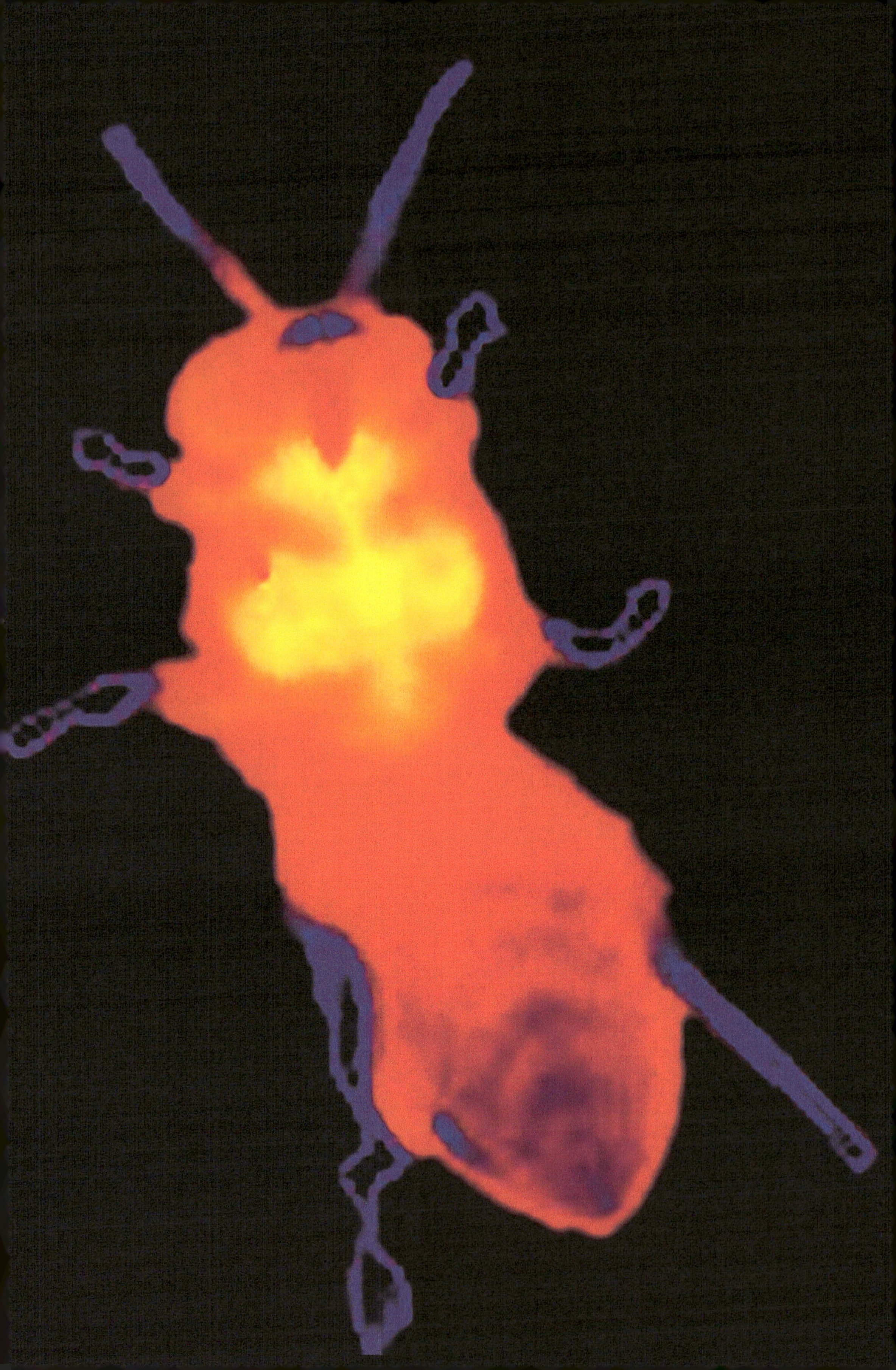

8

温度与蜂群智能

子脾温度是自我构造环境的一个控制因素，自我构造环境可影响未来蜂群的特性。

生物受到环境的不确定因素影响。两栖类忍受干旱，鸟类面临食物缺乏，蝴蝶害怕寒冷。运动自由为大多数动物提供了躲避不利情况和寻找更好条件的可能。两栖类把自己掩埋在泥土里，鸟类迁徙以改变它们在大陆上栖息的位置，蝴蝶寻找阳光充足的地方。自然界为动物提供了最适环境的可能，自然选择保证那些找到适当解决办法的物种存活下去，而失败者则完全消失。

环境不仅仅是生物体进行选择或不幸受害的调色板，它也可以被改造。蚯蚓通过采食和挖洞改变它们生活其中的土层；树叶遮蔽并影响下部叶子的萌发；水生动物通过它们的排泄物影响小水池的酸度。这些对环境的影响如果不是中性的，紧跟其后的将是对动物参与者的影响，这种影响往往是消极的：如果小水池中水的酸度太高，它将杀死污染者。

但是，假如生物体能使环境与它们的利益一致，并产生特定积极影响，情况将会怎样呢？这难道不会对“环境、生物体和适应性”这一游戏引进一条全新的规则吗？

另外，如果受生物体影响所形成的环境决定或影响生物体自身的天性，情况又会如何呢？难道不会导致因果关系系统甚至经典的“环境-生物体”模型界限变得模糊不清吗？

在一段进化的时间间隔内，一个受生物体积极影响而形成的环境，将和生物体的基因合并，形成诸多因素一起发展的统一体。

这样的生物体将使自己从被迫适应环境而生存和繁殖的“奴隶”身份中解脱出来。

人类已经可以不依赖于自然界而存在，蜜蜂也采取了同样的策略，相比较而言，蜜蜂所采用的方法可能比人类更经典。我们通常采用的调控环境的方法多取决于构造的可能性和自然环境的主要属性。通过调控生活和工作的环境，我们可能仅仅达到一种满足生存需要的舒适感觉，从短期或长期意义上讲，我们都没有改变自己。

建筑蜂已经进化3000万年的成就显示，她们能按自己的需要塑造环境，其进化过程还有待探究。

我们正逐步开始了解诸多高度复杂的反馈机制，以及蜜蜂与她们自我调控的环境之间的相互作用。

意识到子脾温度对蜜蜂整个生物学的重要性，是最新的研究进展之一。

“炽热”的蜜蜂和“温暖”的蛹

蜜蜂子脾（图 8.1）是她们生活世界里非常重要和敏感的部分，她们以一种令人惊讶的精确度控制子脾中包含封盖蛹区域的温度。

养蜂者早已知道蜜蜂子脾保持暖和的温度，直接用手就可以感觉出来。曾经有一段时间，人们相信子

8.1 蜜蜂子脾是巢脾的一部分，蜂群的每个新成员在从幼虫经蛹到成年蜂的发育过程中都由哺育蜂单独照顾。

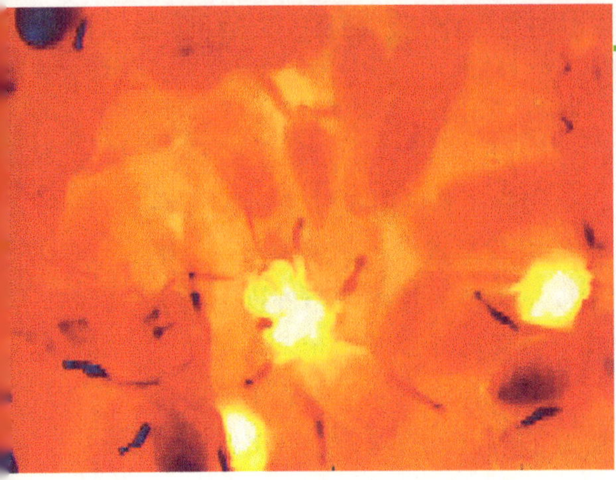

8.2 热敏照相机照片显示产热蜂身体温度分布情况。照片的颜色指示低温（蓝色）和高温（黄色）部位。一种对反流原则的巧妙应用阻止热量从蜜蜂的腹部散失，由强壮的飞行肌运动产生的热量集中在胸部。

脾本身就能产生较高温度，蜜蜂到子脾上只是为了取暖。当这种看法被证明不正确时，取而代之的是更多有关蜜蜂巢内小气候生物学意义的令人激动的发现。特别是热敏照相机的使用，加上对行为学耐心的观察和对蜜蜂、蜂群的细心处理，使得人们已经产生全新的看法，虽然这一结果还远未被充分肯定。

动物能够通过代谢脂肪、碳水化合物等高热量的物质或通过肌肉收缩获得能量而产生热量，就跟我们在受冷时颤抖一样。蜜蜂通过她们飞行肌肉的颤抖而温暖自己，但正如我们在第4章看到的，这些飞行肌肉不仅用于飞行，还负责在摆尾舞通讯中产生振动脉冲。这些肌肉是以一种稍微不同的方式来实现产热的。蜜蜂通过机灵的动作轻微地操纵肌肉以使这些肌肉和翅膀分开，并通过收缩和放松肌肉，提高她们的代谢效率。拮抗肌互相作用，肌肉颤抖引起振动，这些和舞蹈蜂产生的振动相比要弱得多，与产热相关的颤抖的结果能够从热敏照相机拍摄的照片中鉴别出来（图8.2）。

包括蜜蜂在内的许多昆虫已经进化出了通过收缩为飞行肌肉加热以备飞行的能力。蜜蜂的非群居性进化祖先可能已经具备这种能力，并且掌握了调控蜂巢温度的方法，这种遗传对群居性的蜜蜂发展来说是最重要的生理需求之一。

人们采用热敏照相机拍摄了许多昆虫准备起飞时的照片，以蛾类为例，人们发现它们在起飞进入寒冷的夜晚之前加热飞行肌，蜜蜂在准备起飞之前也发生类似的飞行肌加热现象，这是蜜蜂采用这种能力达到不同目标的最初功能。

通过热敏照相机拍摄的蜜蜂子脾照片显示，在子脾封盖子区域出现清晰的有“炽热”胸部的“热”蜂（图 8.3）。

这些蜜蜂把她们的胸部紧贴在封盖子的蜡盖上，将自己的体热传递给封盖子脾内的蛹。这种加热姿势很容易识别出来，她们比其他工蜂矮半个身子（图 8.4），并且会保持这种姿势一动不动 30 分钟以上。可能有人会误认为她们死了。产热蜂的触角虽然一动不动，但保持与其前面巢房的蜡盖相接触，大概是为了测量封盖子脾蜡盖的温度，因为触角端部携带高度密集的热敏感受器。

如果认为产热蜂在休息、睡觉甚至已经死亡的话，那对她们真是太

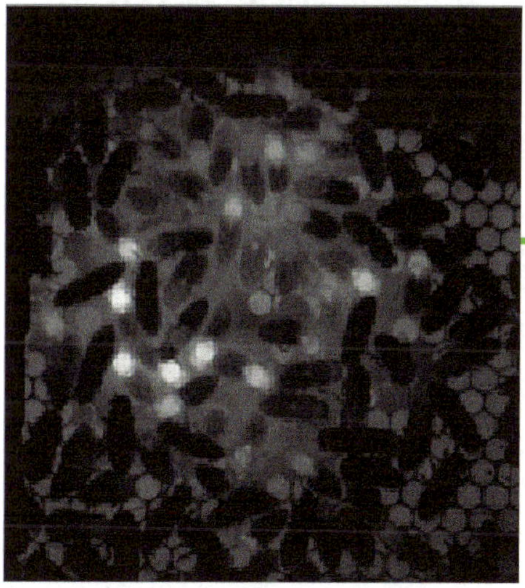

8.3 热敏照相机照片显示，胸部发白的“产热蜂”集中在子脾的封盖区域，通过可见的巢房壁边缘辨认的未封盖区域内没有产热蜂。

8.4 在图片的中间位置可见产热蜂的典型加热姿势。产热蜂靠紧巢房的封盖，稳稳地收拢翅膀，触角端部连续地接触巢房封盖。产热蜂能在这个位置保持不动达30分钟以上，虽然其他工蜂在她们四周来回忙碌着。

不公平了，她们在尽其所能地工作着，只有激烈飞翔时的工蜂的劳动强度能和产热蜂相提并论。

大约保持产热姿势30分钟之后，产热蜂的体温可以达到43℃以上，她们疲惫不堪而中断产热活动。产热蜂完成加热离开之后，加热过的封盖子蜡盖将“发热”一段时间（图8.5）。

产热蜂一次只能给一个封盖巢房加热，因为一个封盖巢房的蜡盖大小和她的胸部尺寸差不多一样大。

热学工程师可能对从蜜蜂胸部传热到单一巢房的传热系统的效率产生怀疑。产热蜂向各个方向辐射热量，并不只是向下传热给需要加热的蛹，她们散失到周围环境中的热量比传给下部巢房的热量还要多。这种加热方法看起来很像在宾馆里，

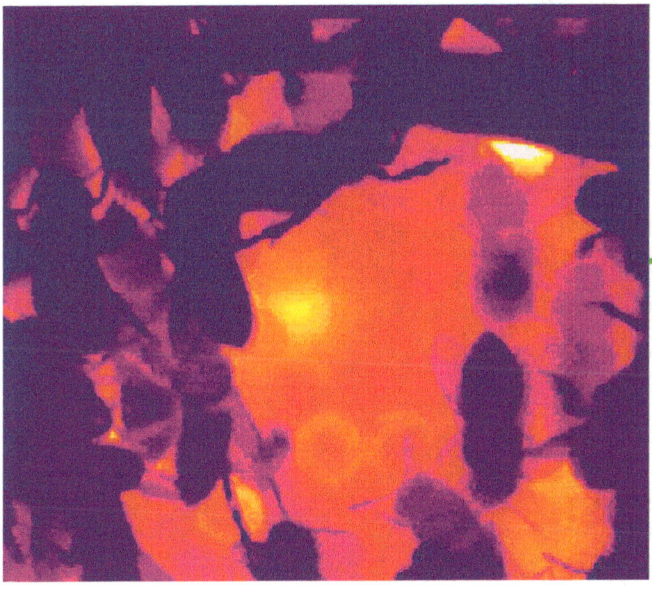

8.5 如果把一只在巢房盖上紧贴了一段时间的产热蜂移到一边，热敏照相机将检测到一个热点，正好位于产热蜂胸部所在的点，即照片中间的黄色区域。

8.6 大多数蜜蜂附于封盖子脾区域，产热蜂用她们的身体压着巢脾（这里有四只标记的产热蜂，见图8.7），部分隐藏于大多数站立的非产热蜂之中。非产热蜂的身体形成一层有效的绝缘层以帮助保持子脾的温度。

没有修好破窗户的房间里开着加热器。

对封盖子脾区域所有蜜蜂的进一步观察发现，她们在努力把热量丧失降低到最低水平（图8.6、8.7）。譬如，非产热蜂厚厚地附在巢脾上，形成隔热层，减少因辐射而丧失的热量。

8.7 图8.6标记区域的放大图。四只产热蜂把她们的胸部贴紧子脾，以保证热量从她们的身体传递到下面的巢房盖上。

此外，蜜蜂还采用更为灵活和有效的方法加热它们的子脾，下面就此作一介绍。

蜂群保育器

蜜蜂总是从巢脾中部开始产卵育子，随着蜂王不断产卵，向周围展开，到幼虫末期巢房封上蜡盖，这样它们就可以不受干扰地化蛹。蜂群中的子脾封盖区域并不是全部封盖，而是有部分空巢房，占巢房全部数量的5%~10%，分布在封盖巢房中间，空巢房的百分比随外界气候变化而变化。

在子脾的所有发育阶段都能发现空巢房（图8.7），如果子脾中空巢房百分比超过了20%，那可能是蜂群出现不正常的情形导致的，如出现大量不必要的二倍体雄蜂幼虫，工蜂将把它们从巢房内清理出去。

甚至在蜂王新建立的子脾区域

8.8 蜂王并非在每一巢房内都产一个卵，空巢房分散在蜂王已产卵的区域。

8.9 当孵化的幼虫开始发育时，空巢房变得明显起来。

8.10 通常封盖子脾区域有 5%～10% 的巢房是空的，这一比例对于有利于对蛹进行加热来说是很理想的。

内也可能发现空巢房（图8.8），就在幼虫刚刚出现之后（图8.9）。当观察到这些看起来空的巢房实际上很少空闲的时候，我们意识到这些空巢房可能有功能上的意义（图8.10），经常有蜜蜂钻到里面（图8.11）。

这些钻到空巢房内的工蜂原先被描述为“清理巢房”或“休息”，因为不太可能观察蜜蜂在这些巢房内干了些什么。

从外部只能看到蜜蜂的腹部末端快速地缩进伸出，短周期的活跃只是长时间休息的点缀。子脾区域的快速收缩行为是普遍的，休息状态较少。从边壁小心地切开巢房，发现躺在巢房内的工蜂腿向后伸展开。蛹躺在巢房内时头朝外，而这些工蜂的头朝内，从外部看来她们完全处于休息状态，除了她们的腹部在做抽吸运动。把热敏照相机对准这些工蜂，我们发现不同巢房内工蜂

8.11 三只工蜂头朝里深深地探入子脾封盖子区域的空巢房内。

个体的体温存在很大差异（图8.12）。

激烈抽吸的工蜂的胸部平均温度高达43℃，而处于休息状态的工蜂的体温与周围的环境温度相似，这些工蜂在休息的老观点只适用于少数巢房内停留的工蜂，其他的工蜂都在活跃地产热。这种行为告诉我们，蜜蜂还采用第二种加热策略，这种策略比胸部紧贴封盖表面的传热效率要高得多。工蜂爬进巢房之前的体温测定表明，只有那些高体温的工蜂会进入空巢房，她们在进入巢房之前做好了准备。她们的体温最初和巢内空气的温度一致，但在进入巢房之前，她们在巢脾上快速跑动，把自己胸部的温度升高到适当水平。经过3到30分钟的加热活动之后，这些工蜂的体温降下来，然后离开巢房。连续维持这样高水平的体温要耗费巨大的能量，这也能解释为什么空巢房数量有限。蜜蜂的能量储备最多在30分钟之后耗尽。

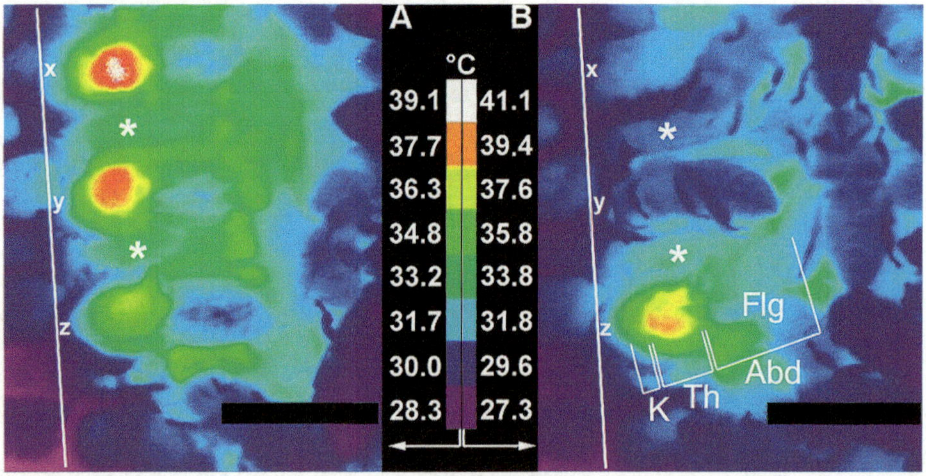

8.12 沿着巢房纵向切开的子脾区域的热敏图片。四只不同温度的产热蜂和一只与周围温度一样的静止的工蜂（蓝色，右边蜂团中的 y），占据着彼此相接的子脾巢房。x、y 和 z 标示蜜蜂置身的六个巢房的底部，星号表示蛹的位置。Abd = 腹部，Flg = 翅膀，K = 头部，Th = 蜜蜂胸部。刻度表示温度记录器的温度标尺。

产热蜂在空巢房逗留期间不会全程维持最高的产热状态，以5分钟为周期的活跃状态之间留有间隔，被蜜蜂用来将体温降低5℃，作为又恢复到最佳产热状态之前的点缀。这样的温度谷点对于必须维持在一个特定水平的调控系统很有必要，当子脾温度超过期望值时就拒绝产热，当温度降到正常水平之下时就起动产热系统。产热行为产生的温度范围接近子脾小气候的社会生理学调控水平（►第10章）。

担当产热蜂角色的蜜蜂属于非特定日龄，不像蜜蜂一生中的其他许多劳动分工，充当产热蜂的工蜂最年轻的只有3日龄，最老的有27日龄。

给产热蜂的甜吻

蜜蜂取食蜂蜜获得能量产热，一个强大的蜂群在夏季可以生产300千克蜂蜜，虽然因为周转量高，在任一时候只有其中的一小部分蜂蜜在巢内。蜂蜜不是通常意义上维持蜜蜂躯体功能的食物，而是大多被用于在夏季温暖子脾和冬季在蜂巢内保持结团以免受冻。因此，蜂群中大量的蜂蜜储备不是食物，而是燃料，若干相应数据如下：

- 满满一蜜囊花蜜的能含量共计500焦耳。
- 一只采集蜂飞行一公里消耗6.5焦耳能量，工蜂每次飞行平均需要约10焦耳能量，因此，工蜂每次采集回巢的能量是飞行消耗能量的50倍。
- 一只工蜂一生平均采集回巢50千焦耳能量。
- 一个蜂群在夏季有超过10万只个体参加采集，其采集力量承担数百万次采集飞行，携带约300～400万千焦耳能量回巢。
- 1毫克蜂蜜按糖计包含12焦耳化学能，代谢1千克蜂蜜产生12 000千焦耳能量。
- 在夏季，为提高和维持胸部温度到40℃，一只工蜂每秒需使用65毫焦耳能量以满足加热行为所需。
- 这样一只产热蜂在最长可达30分钟的加热期间内燃烧血淋巴中的糖类，产生120焦耳能量。
- 在整个幼虫期间，产热蜂将燃烧约200万千焦耳能量，超过

整个夏季总能量的三分之二。

- 调控子脾温度的热能相当于持续使用20瓦特的能量，如果蜜蜂能够把这些能量供给电灯泡，那么她们能够照亮蜂巢的任何一个角落。
- 在冬季，也有200万焦耳的能量被用于温暖蜂团，蜜蜂夏季聚集能量储备的剩余五分之一被用作其他活动的能量。

蜂巢中的蜂蜜常常贮存在离子脾有一定距离的地方，为避免由此引起的产热行为中断，“加油站”蜜蜂*连续地进行缩短产热蜂到蜂蜜贮存点之间距离的活动，该活动在寒冷的季节进行得尤其频繁。**这些蜜蜂仔细搜索产热蜂并把蜂蜜通过“甜吻”（sweet kiss）的方式直接传递到她们嘴里。**花蜜或蜂蜜从一只蜜蜂嘴里传递到另一只蜜蜂嘴里的过程叫做交互饲喂（tropholaxis）（图8.13）。

“加油站”蜜蜂必须发现那些在黑暗蜂巢中疲惫的、只有少量剩余体温的产热蜂，触角端部高度敏感的温度感受器指引她们完成搜索。二者之间传递的是具有最高能量的高度浓缩的蜂蜜，而不是那些不成熟的蜂蜜或最初的花蜜，后两者的大部分在蜂巢内的蜜蜂间进行交换。

“加油站”蜜蜂从未封盖或封盖的蜂蜜巢房中装载蜂蜜，从封盖巢房取蜜时必须先打开封盖（图8.14），然后离开去寻找需要能量的蜜蜂。这种行为受子脾区域空气温度的驱使，在生物学上是合理的，因为子脾区域空气温度高是许多产热蜂活动的结果，而产热蜂在完成她们的任务之后相对饥饿。在子脾区域也存在一定比例的自我供应，封盖子脾区域的空巢房经常被用作贮存花蜜的仓库（图8.15），但花蜜很快就会被用光。这些巢房被用作能量饥饿蜜蜂的本地仓库，但不会提供像口口相传中那么高质量的“能量注射剂”。

8.13 一只补充能量的蜜蜂（下）通过交互饲喂为一只疲惫的产热蜂（上）提供高质量蜂蜜的“能量注射剂”。

* “加油站”（Filling station）蜜蜂：指那些在蜂巢内为产热蜂提供蜂蜜、补充能量的蜜蜂，类似于人类社会中的加油站。

8.15 子脾区域内存放花蜜的库房。

空的加热巢房在子脾、花蜜贮存巢房和“加油站”蜜蜂之间的正确结合是周围环境温度作用的结果。如果一个区域持续长时间的低温，蜜蜂就会增加更多的空的加热巢房；如果这个区域的温度高了，额外的巢房不是用来加热而是用于临时贮存花蜜（图8.16）。

未处于活跃加热状态的蜜蜂在巢脾上形成一层活的覆盖物，通过被动的绝缘作用起到温度调节的功能。这样的绝缘作用有助于防止内部温度的丧失和外部过热的侵扰。

蜜蜂不仅仅需要加热，也要降温，为的是保证蛹的温度处于最佳状态。在欧洲中部，蜂巢的加热比降温重要，但即使是短时间的热浪也可能伤害敏感的子脾。

蜜蜂与人类采用相同的降温方法：蒸发冷却。

在热天里，采水工蜂从潮湿地面、池塘边和水路旁采水（图8.17）。

她们把水带进蜂巢内，然后在巢房的边缘或封盖上涂一层薄水膜。著名蜜蜂研究专家马丁·林道尔（Martin Lindauer，1918 -）在50年前就意识到，当蜜蜂用翅膀扇风时（图8.18），产生的气流蒸发水分，使

8.14 这里表示的是那些为子脾区域疲惫产热蜂提供和补充能量的蜜蜂正在打开封盖蜜巢房。

8.16 当产热蜂能够从子脾区域找到库存的花蜜时，她们会吃自助餐。这些巢房的库存只是短期的，且只有“稀的”花蜜，没有蜂蜜。

8.17 如果蜂巢内太热，蜜蜂就会采水，并将水以小水滴的形式散布于蜂巢内，形成薄的水膜。

8.18 一旦采水蜂铺上一层薄水膜，巢内的同伴就开始扇风，用她们的翅膀产生空气流，蒸发水分，起到降温效果。

8.19 如果蜂巢需要整体通风换气，蜜蜂就会在蜂巢前面形成链状扇风器，把过热或二氧化碳含量过多的空气抽出巢外。

8.20 与子脾区域空巢房相邻的蛹的数量，部分地决定产热蜂占用空巢房的时间，与空巢房相接的蛹数量越多，产热蜂占用这些空巢房的时间越长。

蜂巢温度下降。蜜蜂直接在巢脾上或在蜂巢入口处产生气流。

如果需要的话，扇风蜜蜂会自发按一定的空间顺序组织起来，把她们个体的微小力量加以联合，为整个蜂巢高效通风（图 8.19）。

产热蜂的体温和她们在巢房内的时间，这两个因素调控着子脾小范围区域的温度水平，而且都依赖于空巢房四周区域的结构。

当一个空巢房与蛹巢房相接时，它只用于加热，在这种情况下产热蜂的平均温度是33℃；如果空巢房最大限度的与六个封盖蛹巢房连接，产热蜂就会把体温升至41℃；当空巢房与 2～5 个蛹巢房接壤时，产热蜂的平均温度介于二者之间。

加热空巢房周围的环境和其占有时间之间也存在明显的相关性，与 5～6 个封盖蛹巢房接壤的加热空巢房百分之百被产热蜂所占有，而且筋疲力尽的产热蜂马上被一只新的产热蜂所取代。

只与一个蛹巢房接壤的空巢房在任何观察期内都只有 10% 的时间有产热蜂，而与三个蛹巢房接壤的空巢房有 70% 的时间有产热蜂（图 8.20）。

“不完整的”姐妹，或“遗传不是一切”

蜂蜜里来自植物花蜜高能糖键的大部分能量被转换成热能（图8.21），这不是正常的能量转换或传递过程中所伴随的不可避免的损失，因为蜂蜜是被代谢成能够快速释放热能的物质。

蜜蜂花费如此巨大的精力和时间在这上面的根本原因是什么呢？

对蜜蜂子脾保持较高温度，可以考虑以下两个可能的解释：

- 第一种观点认为，较高的子脾温度使得蜜蜂可以在春季开始快速繁殖，这样就可利用较早显花植物的资源，避免竞争。依照这个观点，子脾温度越高，发育时间就越短，蜂群群势发展也就越快。然而，在繁殖季节，任何蜂群中都只有年轻蜜蜂不断产生，而不是真正一代接一代地出来。因此，所有蜂群群势不断补充的情形是一样的，不管个体蜜蜂发育日龄多一两天还是少一两天。子脾温度达到32℃时就能产生正常的蜜蜂，与35℃的子脾温度相比，在能量消耗方面具有可观的经济性。那么，为什么子脾温度要那么高呢？

蜂王的发育时间最短，她的蛹期平均只有5天，与工蜂的10～13天蛹期相比要短得多*，难道王台的温度要比工蜂蛹的温度高出许多？一点也不，检测结果表明，王台的温度也是35℃，由许多工蜂围在王台周围为它加热。

发育持续时间和蛹的温度之间确实存在正相关，这在所有昆虫中都能观察到，这一现象有其生物化学基础。然而，正如上述所解释的，这一点未必是加热行为进化的驱动力。

- 第二种观点关于蜜蜂加热能力利用的解释更令人信服，特别是在温带地区。蜜蜂起源于热带地区，进化过程中子脾发育维持在较高的稳定温度，逐渐形成一个完善的加热系统，为蜜蜂向温带区域渗透做好了准备。温带地区有寒冷的冬季，蜜蜂必须设法保持越冬蜂团外层的温度不低于10摄氏度，低于这个温度蜜蜂就无法运动，这样，每年的早春季节，在越冬蜂团的保护下才能开始新子脾的生产。

---

*译者注：此处蛹期的时间与226页的叙述不一致，可能为原作者的疏忽。国内蜂王的蛹期平均约6.5天，工蜂约10天，雄蜂约14天。

第二种观点没有回答为什么在热带区域蛹期子脾温度已能如此精确地调节。在热带，为了控制蛹的温度，冷却是比加热更重要的问题。热带蜜蜂在酷热气候里需要相对少的能量，这意味着也需要较少的蜂蜜和储备。

下面描述了蜜蜂蛹在不同温度下发育而成的不同特性，为洞察蜜蜂社会性加热行为的重要性提供了证据。

在开展蛹的发育温度试验之前，必须建立一套温度调控体系，使蛹能够在不受干扰的子脾内发育。

8.21 准确地说，我们不应该把花描述为蜜蜂的取食点，把花蜜采集描述为食物的收获过程。取而代之的是，应该把花描述为蜂巢的能量来源，花蜜采集就是能量获取的过程。蜂巢内的蜂蜜生产就相当于原料的精加工。

微小的热电偶安装在封盖巢房内而不破坏蜜蜂蛹，产生了三个有趣的结果：

- 自然子脾蛹的实际温度在一定范围内是恒定的，但许多巢房在平均值附近确实发生轻微的变化。对单一巢房而言，在30分钟和一个小时之间存在非常轻微的变化，变化幅度为1.0℃。
- 观测的每个个体蛹的平均温度随时间的变化保持恒定。
- 不同个体蛹的平均温度彼此相差若干摄氏度，在33～36℃之间变化。
- 在缓慢的变化过程中，每个蛹温度变化的方向是不一样的。如果整个子脾被视为单一的完整单位，那蛹的温度变化方向就应该是一致的；然而，实际情况可能是一个蛹的温度升高而相邻巢房蛹的温度却下降。

总之，工蜂蛹（图8.22）从产热蜂那里接受单独的和“个性化”的加热待遇。

这些不同待遇对孵出的蜜蜂有影响吗？

蜜蜂工蜂的蛹期大约持续9天，雄蜂约10天，而蜂王约为6天。在这一过程中，蜜蜂从幼虫变成了成年蜂，成年蜂的本质特性在这一变态过程中形成。这是昆虫典型的特性，它们和很多适应了特殊生态位的昆虫相比，较少偏离一般的基本形式。

行为可塑性是蜜蜂所有特性中最突出的特点，工蜂在一生中依日龄不同而依次执行不同的任务。在一个不受干扰的蜂群中，蜜蜂执行的任务依次为：清理巢房、子脾封盖、照顾幼虫、侍候蜂王、接受花蜜、蜂蜜生产、清理垃圾、装填花粉、建筑巢脾、通风、守卫巢门和采集。借助先进科技，可以进行单一蜜蜂个体的行为研究，最新发现了产热蜂和负责为产热蜂提供能量支持的“加油站”蜜蜂（图8.23～8.26）。

不同的活动要求完全不同的行为，而行为是由神经系统支配的，蜜蜂的神经系统因此必须拥有高度发达的应变能力。蜜蜂的保幼激素含量随日龄的增长而升高，这对其他

8.22 蛹以完美的姿态仰卧在她们的巢房里。

8.23 严格地说，每只蜜蜂都能执行在蜂巢内观察到的任何任务，但不同个体完成这些任务的质量和频率却非常不同。当蜂巢需要浓缩蜂蜜、蒸发水分降温或交换含有高浓度二氧化碳的蜂巢空气时，特殊分工的工蜂开始工作。

8.24 花粉采集大多由擅长完成该任务的蜜蜂执行，蜂巢内只有大约 5% 的采集蜂同时采集花粉和花蜜。

昆虫来说并不常见。正如它的名称所暗示的，保幼激素通常在年幼昆虫内含量最高，在成年期下降。蜜蜂在成年期保幼激素水平升高，这可能与年长的采集蜂比幼年的内勤蜂学习能力更强有关。蜜蜂派遣年长的成年蜂到不利的外界应对危险和巢外任务的挑战。

未必每个蜜蜂都要参与上述所有的任务。例如，只需要少数蜜蜂侍候蜂王或守卫蜂巢门口，担当特定任务的蜜蜂经常执行该项任务，她们对能唤起该任务的刺激的敏感性有着重要作用。高度敏感的个体将对微弱刺激产生反应，不敏感的蜜蜂只对强的刺激做出反应，并相应地较不活跃（►第10章）。

个体蜜蜂从事各种活动的频率能够测定并描述出来，日龄和社会环境在决定她们的实际劳动分工中起主要作用。在这里，遗传因素起一定作用，但比遗传因素影响更大的因素是蛹发育成成年蜂的温度。因为蜂巢气候受产热蜂调控，产热蜂自己的行为和遗传组成由她们发育所处的条件决定，高度复杂的环境和基因组相互作用为蜂群提供了高水平的适应性。

采用自然蜂巢内正常存在的不同温度来人工培育蜜蜂蛹，结果显示，**她们表现出的特定行为活动的频率依赖于她们发育时所处的温度。在较低温度下培育出的工蜂主要从事的任务不同于较高温度下培育的工蜂。通讯对蜂群的成功采集是至关重要的，结果证明能够准确传递采集信息的蜜蜂，是那些在接近36℃下发育的蜜蜂，而这一温度是我们所发现子脾的最高温度。这些蜜蜂的学习能力和记忆能力也比较低温度下发育的姐妹强。**

8.25 守卫蜂在巢门口拒绝其他蜂群的蜜蜂和所有入侵者进入蜂巢，并将跟踪已经通过她们检查的陌生者到蜂巢深处。

8.26 构建巢脾时，蜜蜂将形成链状，这种现象的功能还完全未知。

蜜蜂发育时所处的温度也影响蜜蜂的寿命。成年采集蜂通常能活大约 4 个星期，养蜂者称之为夏季蜂。渡过冬季的个体（越冬蜂）在春季重新活跃起来成为采集蜂，能活到 12 个月。在子脾最低温度下培育的蛹最有可能成为越冬蜂。

我们从许多其他昆虫试验中发现了温度对变态的影响，蜜蜂的独到之处是她们可以自己决定她们“妹妹”的发育温度。老的生物学关于环境和基因组共同决定有机体特性的事实，在这里被蜜蜂衍生成这两股修整力量之间直接反馈的开发和利用。

9

蜜浓于血？家系有多重要？

对蜂群的结构来说，蜜蜂那种亲近的家族关系是一个结果而不是原因。

作为生物体最复杂也是最高水平的结构组织，蜂群中那种社会结构的创造是人们可以预测的一个进化步骤（►第1章）。

这一步骤到底是什么时候发生的？这个问题与蜜蜂在什么环境条件下进化有紧密的关系。当没有合适的条件时，理论上的设想不会自发实现。量的进化飞跃到超个体伴随着“技术性必需品”的出现，这些必需品对于这种生命形式的出现有很大的作用。打个比方：在未行动之前，人们长时间地建立理论，希望可以飞起来。而只有具备了相应的材料，才有可能建造一架有功能的飞行器，最后一步的起飞才能实现。

但是，创造蜜蜂蜂群建筑的“技术”条件是什么呢？蜜蜂具有而蜻蜓、臭虫、甲虫所没有的，建立超个体的条件是什么呢？

伟大的进化生物学家查尔斯·达尔文（Charles Darwin，1809-1882）并不接受蜜蜂蜂群出现是进化的必然的观点，完全相反的是，他在蜜蜂的存在中发现了一个危及他整个进化论的问题。

根据他的观点，进化的第一个条件是子代的数量要比维持一个正常水平的种群的数量多。只有当存在足够的子代并且它们之中有变异时，下一步的选择才可能发生。

蜜蜂却挑战了他的观点，作为一个生物体，整个蜂群中除了一只蜂王外，其他雌性蜂都不产生后代。他在《物种起源》中提到，很难用他的理论来解释工蜂。她们在形态结构和行为上都不同于有生殖能力的雄蜂和蜂王，而由于工蜂是不育的，因此无法将这些特性遗传给下一代。但事实上她们却遗传了……那她们是怎么做到的呢？

达尔文找到了解决这些挑战的办法。如果认为选择不只是发生在个体上，还发生于整个群体中，那么上面提到的概念性问题将会明显简化。这样想下去，蜂群之间就是为了产生最大量的子代蜂群而非个体蜜蜂而竞争。

现代进化生物学如今已经在群体选择部分包括群体进化（colony evolution）这一概念了。

达尔文很有可能了解蜂群作为

一个完整“集体”的概念，这一概念是德国养蜂家已经陈述过的。因此这种生物也会像单个个体一样与竞争对手产生竞争。

不过，蜜蜂、熊蜂、胡蜂和蚂蚁群体内的工蜂个体之间为什么不会彼此竞争，这个问题仍旧是个谜。然而，正是由于工蜂对繁殖自身后代的放弃，蜜蜂才成功地传播了自己的基因组。

蜜蜂中特殊的亲缘关系

这种不寻常的情形以概念的形式会更好地被理解，这一概念通过英国生物学家威廉 · D. 汉密尔顿(William D. Hamilton, 1936-2000)的努力已经得到广泛接受。

汉密尔顿想法的本质是这样的：特定生物体中，位于相同的地方并且影响相同性状的特定基因叫等位基因。等位基因可以以不同的形式出现，是基因可变性的基础。等位基因不只是直接传给下一代，它们的拷贝在同胞、子女、表亲、姑姑、叔叔以及整个家族成员中都存在。与基因源头的亲缘关系越远，个体间发现相同等位基因的可能性越少。携带等位基因的个体不怎么影响单个等位基因在种群中作为竞争性等位基因分布的平衡。亲属间的行为（比如有利于培育后代的行为）可能对支持者和它们的等位基因都有利，甚至有利于没有后代的携带者。如果这种等位基因在家族中出现很频繁，那么这种牺牲就不再是一个劣势了。

亲缘关系选择是约翰 · 梅纳德 · 史密斯（John Maynard Smith，1920-2004）和汉密尔顿共同提出的理论，以具有亲缘关系生物体组成的群体中等位基因分布的形式表述，对动物中出现合作行为或极端情况下的利他行为有着清晰的论断。该理论对个别生物体（如蜜蜂）在进化过程中从“独居动物”跃进群居生物的门类提供了解释。

家系中最成功的等位基因是以损害其他等位基因为代价的“自私”基因。等位基因的自私行为以及它们只是尽可能多地复制自我这一现象，已经在理查德·道金斯（Richard Dawkins，1941-）的《自私的基因》一书中得到令人信服的解释。对观察者来说，等位基因以自私行为的单一因素出现，在蜜蜂蜂群中展示为繁殖的驱动力。

像所有其他膜翅目和许多不形成群体的昆虫物种一样，蜜蜂也有一套决定成虫性别的特殊机制。由未受精的卵发育成的蜜蜂只有一套染色体，是单倍染色体状态。决定蜜蜂性别的是单一的基因，可出现不同的等位基因。该基因纯合的个体（等位基因相同）将发育成雄蜂，所有的单倍体个体都是这种情况（它们只拥有单一的等位基因）。该基因杂合的个体（等位基因不同）发育成雌性蜂。一种少见的情况是，如果一只双倍体个体的性等位基因是纯合的，那么它将发育成二倍体雄蜂，而且往往会在幼虫阶段被工蜂杀死。

通过染色体倍数或单倍-二倍体决定性别的方法具有与众不同的结果：

- 因为来自未受精卵，所以雄蜂没有父亲，也没有子孙。
- 如果雄蜂和雌蜂产生女儿，这些女儿之间将比她们与自己的孩子之间分享更多相同的等位基因。

一步步接近这个概念会让我们更好地理解这些有趣的情况：

- 法国生物数学家古斯塔夫·马莱科（Gustave Malecot，1911-1998）于1969年将遗传亲缘关系程度值定义为“r”，它是指从一个个体选择的某一特定等位基因也存在于与它有关系的特定个体中的平均概率。
- 从基因“消费者”的角度讲，“r”值由于解释了基因流动的方向，因而具有重要的生物学意义。
- 单倍体父亲的所有等位基因将一定传递给每个女儿。父亲的等位基因在女儿中出现的概率是100%，或表达为r = 1.0。父亲将因此在每个女儿中发现他的每个等位基因。
- 二倍体母亲在女儿中发现与自己相同等位基因的统计概率是50%，即r = 0.5，因为母亲严格地将自身等位基因的一半贡献给每一个卵细胞。母亲将因此在特定的女儿中发现她等位基因的一半。

- 通过综合父母双方的因素，可以得出在亲姐妹之间比较发现相同等位基因的概率：全同胞姐妹（同父同母）的雌性蜂基因组的一半来自父亲，是完全相同的，用算术表达这种关系，就是全同胞姐妹的基因中有50%是100%相同的；基因组的另一半来自母亲，在姐妹中相同的可能性只有50%，因为母亲会为每个基因提供两个不同的等位基因之一。就整个基因组而言，这意味着50%的50%，即25%的相同性。
- 如果现在把来自父亲和母亲的等位基因的概率加起来，并把姐妹之间相互比较，就可得到50% + 25% = 75%，即r = 0.75的遗传亲缘关系。

因此，在统计学的平均意义上，蜜蜂姐妹共享四分之三的等位基因。实际上这个值在50%的共同等位基因（只共同继承了来自父亲的等位基因）和100%（来自父亲和母亲的等位基因是相同的）之间摆动。

克隆动物的遗传一致性为100%，它们的遗传亲缘关系程度值是r = 1.0。人类小孩与他们父母的一致性是50%，这里的亲缘关系程度值总计r = 0.5。蜜蜂的遗传亲缘关系程度值r = 0.75位于克隆动物和人类之间。从这个观点看，**若想传播自身的基因，雌蜂能做的最好事情是放弃自己的子女，转而帮助母亲把尽可能多的妹妹带到这个世界上。**

不育的工蜂为了传播自身的等位基因应该彼此合作、相互支持。这在蜂群里确实发生，虽然实际情况更加复杂一些。

蜂王在婚飞中经常要与大约12只雄蜂交配，雄蜂的精子使卵子受精，受精卵随后发育成雌性蜂。蜂群中的工蜂有着相同的母亲，因为她们都繁育自同一个蜂王，但来自许多父亲。从同一雄蜂的精子产生的工蜂是全同胞姐妹，不同父亲产生的工蜂是半同胞姐妹，全同胞姐妹比半同胞姐妹共享更多的相同等位基因（图9.1），所以她们对半同胞姐妹的支持应该少于全同胞姐妹。如

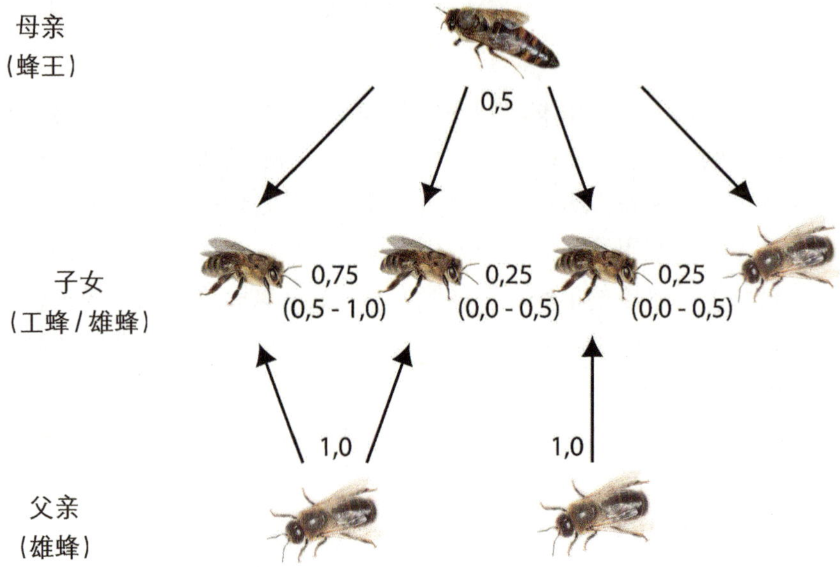

9.1 蜂群超个体内存在多种遗传相似性的级别，可以用亲缘关系程度值“r”表示，蜂王和她所有儿女的亲缘关系程度值（r值）都是0.5，全同胞姐妹（相同母亲和父亲）的r值在0.5~1.0之间，平均为0.75；半同胞姐妹（相同母亲和不同父亲）的r值在0.0~0.5之间，平均为0.25；兄弟和姐妹的r值在0.0~0.5之间，平均为0.25；父亲和女儿的r值为1.0。一个蜂群的父亲数量越多，其相互关系的多样性越高。如果工蜂也开始产卵，就产生了外甥，随后的r值就更加复杂了。

果蜜蜂支持她们最亲近的家属，那么可以想象一个复杂的游戏，就是全同胞姐妹之间的合作和不同全同胞姐妹集团之间的冲突，不过这种相互作用依赖于它们能够区别全同胞和半同胞。

蜜蜂能通过嗅觉测定同种的信息。判断一只想进入蜂巢的蜜蜂是否属同群具有重要意义，这种检查由守卫蜂在蜂巢门口执行（图9.2）。守卫蜂能从远方嗅到陌生者的气味（图9.2），并且当其着陆时用自己的触角接触她，触角上的化学敏感感受器使她们能够确定来者是属于这个蜂巢还是一个陌生者。

9.2 进入蜂巢的蜜蜂在巢门口接受守卫蜂的检查，如果她们是本群的蜜蜂就获准进入蜂巢，如果是外来者就会被赶走。

如果气味信号是“陌生者”，新来者将被凶狠地赶走。而如果她用一滴花蜜贿赂守卫蜂，也有可能混进巢内（►图 7.30）。

条件试验显示，蜜蜂能够通过她们表皮薄蜡层（覆盖所有昆虫体表保护它们不会脱水）的气味区别全同胞姐妹和半同胞姐妹。她们是否使用这种能力？如果是，那么这在亲缘选择方面何时有意义呢？

对亲缘选择来说，当培育出新的能生殖的动物时，气味辨认是很重要的，因为这意味着蜂王和雄蜂的繁殖未来。新蜂王的培育将决定新蜂群基因组的方向，巢内不同全同胞姐妹集团之间存在着一触即发的冲突。

事实上，我们对蜂群如何决定谁将是新的蜂王一无所知。是否有我们没有认识到的半同胞姐妹之间的微妙冲突和竞争？难道通常仍然未知但经常报道的工蜂、处女王和雄蜂在婚飞中的行为模式起到了一定的作用？

大部分仍旧完全是个谜。

当工蜂产卵时，又会有更多的冲突出现。在欧洲蜜蜂中，这种情况发生的概率为千分之一。此时产生的卵没有受精，结果产生单倍体雄蜂。因此在这样的蜂群中，雄蜂可能来自蜂王，和她的亲缘关系程度值是 $r = 0.5$，来自工蜂的雄蜂和她们工蜂母亲的亲缘关系程度值也是 $r = 0.5$。工蜂和她的兄弟之间的亲缘关系程度值是 $r = 0.25$，这个值不依赖于蜂王与雄蜂交配的数目，因为母亲是通过未受精卵而将自己的基因传递给儿子的。

当计算一只工蜂和她的外甥（就是她姐妹的子女）的亲缘关系程度值时，事情变得真正复杂起来，这里获得的r值与蜂王在婚飞时交配的雄蜂数量有关。如果只有一只雄蜂参与交配，工蜂和她外甥的亲缘关系程度值为 $r = 0.375$（在这种情况下所有的工蜂都是全同胞姐妹）；如果有两只雄蜂参与交配，工蜂和她外甥的亲缘关系程度值下降至 $r = 0.1875$，低于兄弟间的亲缘关系程度值 $r = 0.25$；如果蜂王与十只雄蜂交配，结果是工蜂和她们外甥之间的亲缘关系程度值是 $r = 0.15$。完全从理论上来说，考虑蜂王通常多次交配，那么工蜂杀死她的外甥而不是兄弟，更不是去杀死跟她亲缘关系程度值为0.5的儿子，这在遗传意义上来讲是有利的。

因此工蜂应该镇压跟她们亲缘关系很远的外甥，也会吃其他工蜂产的卵（图9.3）。她们会保护自己的卵和全同胞姐妹的卵，而破坏半同胞姐妹的卵，但是还没有弄清蜜蜂是否能够区分全同胞姐妹和半同胞姐妹的卵。工蜂应该能够确信并且很容易地吃掉那些不是来自蜂王的卵。

蜂群内成员间遗传亲缘关系的定量测定，为更宏大的理论奠定了基础。计算出的亲缘关系程度值r，是一个位于较宽分离极端之间的统计平均值（图9.1）。当一只蜜蜂遇见另一只蜜蜂、蜂蛹、幼虫或者不同的卵时，她所面临的不是一个统计学上的平均r值，而是一个单个的具体的r值，这时她能够判断出这个值吗？

工蜂对单倍体雄蜂卵的破坏显示，她们能辨别来自蜂王和她们姐妹的卵。然而，等位基因的随机分布将导致这样的情形：一只工蜂可能遇到蜂王产的、但和她没有遗传共性的单倍体卵，或者是，她的姐妹产的和她共享最大可能数目等位基因的卵。

理论上，决定工蜂行为的不是卵的来源，而是基因组的性质。

蜜蜂实际上怎样认识和利用这种亲缘关系还需要得到证实。

对于工蜂破坏工蜂产的卵这一现象，有个更简单的解释：卵的移除可能纯粹是一种卫生行为（图9.3）。工蜂产的卵很少脱皮，或者根本不能发育或者在胚胎期就死了。与测定遗传相似性程度相比，从活的卵中辨别出死的卵对工蜂来讲就简单多了。蜂王产的卵也很有可能通过一种保护性的气味被识别出来，这种气味是在蜂王产卵时就附于其上的。仍有许多问题尚未解答。

膜翅目中单倍-二倍体形式的性别决定带来了超个体的进化，并且对个体这种从独居性生活向社会性生活的转变做了解释。

如今超个体生活的现状不支持

这个理论——亲缘关系可以独立地解释蜜蜂生物学。围绕统计学平均值的巨大r值范围带来的困难也已经被提到。如果在计算亲缘关系程度值的问题上，把蜂王的多雄蜂交配情况也考虑进去，情况就会变得更复杂。只有当一个蜂群中的蜜蜂都是来自同一个母亲和父亲时，汉密尔顿的定量观点才是有效的。但是因为一个蜂群中有许多父亲，汉密尔顿的定量观点不能应用于我们今天所说的蜂群。一个蜂群内工蜂之间的遗传相似性小于她们与自己女儿之间的遗传相似性。

我们把这个亲缘关系选择的理论应用在蜜蜂身上，也许正印证了赫胥黎（T. H. Huxley，1825-1895）的那句格言：**“科学的巨大悲剧是用一个丑陋的事实来残杀一个美丽的假设。”**虽然这里的情况没有如此严重。蜜蜂及其他膜翅目昆虫在进化成为超个体的过程中，都需要亲缘选择和单倍-二倍体。因此，在建巢时，蜜蜂姐妹之间会相互帮助共同照顾哺育幼蜂，正如我们今天看到的胡蜂那样。但是如果亲缘关系选择不再是一个重要基础，又是什么使得蜜蜂今天依然保持这种状态呢？

9.3 工蜂会吃掉不是蜂王产的、有缺陷的或者表现出发育问题的卵。为了拍这张照片，巢房里的卵用细针轻轻地破坏过，几分钟后，它们被工蜂清出巢房（上图白色圆圈）并吃掉（下图）。

合作永远是好事情

蜂群从它们的行为中获得什么优势？蜂群中由于蜂王的多雄交配而产生的不同父亲的工蜂又有什么优势？因为很显然，蜂群中的所有成员如果没有一个很明确的亲缘关系，最终将成为独居生物体。一定有一些其他的原因在阻止这种蜂群超个体的瓦解。

一旦以近亲选择为基础，迈出通往超个体道路的第一步，就发生了其他提供超过补偿遗传漂变*优势的变化，保证了生物体在它们的超个体里聚在一起，尽管在它们中间存在强烈的亲缘关系摆动。

由于每一种独居的生物体都有生理学，所以超个体生物也有从群体成员的特性和相互作用中延伸出来的超生理学，超个体的社会生理学保证了蜂群成员聚在一起，而它们的特性被作为评价超个体之间竞争选择的依据。整个群体的特性就是选择进行操作的表现型。如果一个个体属于评价良好的群体，它就站在了胜利者的一边，即使只能间接地通过它们的母亲和兄弟，这样的工蜂也会幸存下来并传播她们基因组的等位基因。

引起蜂群中大量遗传矛盾的重要原因是蜂王的多雄交配。那么，当结果是内在冲突时，超个体从这种多雄交配中能获得什么呢？

许多父亲意味着许多不同的等位基因，也意味着工蜂相应地拥有许多不同的特性。

蜜蜂之间的差异包括它们对不同环境刺激的敏感性。一些父亲产生敏感的蜜蜂，而另一些产生不敏感的蜜蜂，整体结果是覆盖了大范围的刺激强度，这样蜂群就能应对外在或内在的干扰。当子脾温度发生非常小的下降时，一些个体开始产热；温度下降更多时，又有一些个体加入产热；温度再下降时，另一些个体也开始产热（►图10.6）。蜂群作为一个整体，以这种分等级的方式对干扰做出最佳反应，并正确地动员合适的力量以适合干扰的水平。**从高度敏感到显著不敏感蜜蜂的宽变化范围，会自动引导蜂群反应至标准强度。**

蜂群中的多父系和因而产生的蜂群成员特性的多样性，不仅会影响蜂群对气候的适应，而且对蜂群生活的各个方面都会产生作用。

随着组成蜂群工蜂的父亲的数目减少，蜂群抵抗感染的能力会下降，虽然就单一个体对疾病的抵抗力而言，还很难理解为什么这样的

* 遗传漂变（genetic drift）：由于某种随机因素，某一等位基因的频率在群体（尤其是在小群体）中出现世代传递的波动现象，有时会丢失某基因而固定另一基因。

蜂群对疾病的易感性较单雄人工授精的母亲低。一个遗传组成多样的蜂群可能能够对感染引起的各种压力做出更有效的反应。蜜蜂生物学的这些方面仍有许多令人感兴趣的问题有待进一步研究。

10

和谐的系统

蜂群这种超个体不仅仅是多个个体的简单加和。虽然整个蜂群社会生理学的许多性质是由单个蜜蜂决定和影响的，但它具有单个蜜蜂所不具备的性质。

蜂群—— 一个复杂而具有高度适应性的系统

一个蜂群的关系和行为模式是高度复杂的，集体行为是由几千个个体同时不断地协作完成的。

蜂群的生物系统很复杂，通过它们的可塑性，使蜂群在短期内即可适应环境，或通过长期进化来适应环境。

在自然界和技术领域都有许多有适应能力的复杂系统，就像一位计算机专家约翰 · N. 霍兰（John N. Holland）定义的那样：复杂适应系统是一个由许多参与者*参与的动态网络，参与者不断地对其他参与者的行为做出反应。一个复杂适应系统的控制有被分散的倾向。如果系统的整合行为是必需的，这一定是来自参与者的竞争与合作。整体上讲，系统的行为是许多部分达成的大量决定的结果。

对蜜蜂研究者来说，这是一个令人兴奋和有挑战性的定义，需要慎重地考虑和应用其各个方面。依据其他的复杂系统，该定义为蜜蜂现象的内涵提供了一个理论框架，并确定了从蜜蜂工作过程中获得的直觉印象。根据霍兰的定义，蜜蜂研究者试图描述蜂群超个体的特殊本质：

“蜂群是一个复杂的、有适应力的动物社会，由数以千计持续活跃地应对它们周围的环境和同伴的个体组成。没有居于统治地位的个体，蜂群的所有行为是蜜蜂个体之间竞争和合作的结果。”

复杂适应系统的重要特性之一是自我组织和处理紧急事件的能力，另外还包括通信（►第8章）、空间和行为组织（►第7章），以及繁殖（►第2章）等。

蜂群是如何自我组织和处理紧急事件的呢？

*它们可能是细胞、物种、个体、企业或国家代表。

维持平衡

在一个健康的有机体内，关键的生活过程必须保持平衡，如果被外在的或内部的因素扰乱，必须有恢复平衡的机制才能保持平衡。下跌到一定水平时，这个值必须上升，如果太高，就要降低。这样的调节过程是通过建立在系统各组成部分与外界的连接和维护内稳态的负反馈实现的。内稳态在一个生物有机体（如蜂群）中是通过自我调节的平衡状态来维护的。平衡这个词也许表示和平与安静，然而蜂群的平衡状态只是表示“冻结”。蜂群的活动不断地调控整个机体的平衡，平衡值的水平也随之不停变动，两位智利先驱弗朗西斯科·巴雷拉（Francisco Varela，1946-2001）和温贝托·梅图拉纳（Humberto Maturana，1928-）认为，相对于内稳态，称之为“内动态”更合适。

正常的生物系统有两个基本特征：

- 整体大于部分之和，表现出的特征不只是在单因素水平上。
- 整体反过来决定各组成部分的行为。

整体和各部分之间的相互结合状态是有机生物的一个基本原则。为了更好地了解生物的复杂现象及其功能和生物学目的，我们应该重视这种不同个体之间互相依赖的关系。关于物质生存系统的两个假设——整体大于部分的简单加和以及整体影响部分的原则，特别适用于蜜蜂，因为其在蜂群中清晰地表现出来。

第一个基本特征：

蜂群是包含各种可能反馈环的复杂系统。我们在蜂群超个体中发现，内稳态不仅存在于单个蜜蜂身体功能水平，也作为社会内稳态存在于整个蜂群的水平。如同其他健康生存的个体一样，蜜蜂个体在身体功能水平上保持平衡。平衡的状态只有通过所有蜂群成员的集体行为才能达到。相关的行为包括：蜂巢建筑、巢内气候控制，以及卫生保持等。**这种只有通过集体努力而不能由个体实现的能力和特性，是超个体社会生理学的主要标志。**

第二个基本特征：

蜂群的社会生理学对单个蜜蜂有显著的影响，比如单个蜜蜂的“繁殖”（►第 8 章）和筑巢行为（►第 7 章）。

所有东西看上去都是互相联系的，所以进行隔离和研究单一控制回路非常困难。

研究如何维护蜂巢的温度将是研究蜂群超个体控制回路的一个很好范例。

巢温调控

控制就意味着修正，依据一个标准值，系统从两个方向进行调节。蜜蜂采用了适当工具（调控机制）来调控温度：引进湿气和气流来降低温度，由飞行肌产生热量以提高温度。蜜蜂产生的热量高效地应用于子脾巢房中蛹的生长。

子脾的构造及其建筑方式有利于为所有幼虫提供能量充足的理想条件。封盖子脾区域中用于从内部加热的空巢房，其密度可以适应周围的任何温度（图 10.1）。如果有许多个或没有足够的空巢房可利用，加热的效率将降低。在健康蜂群的子脾区域，空巢房的比例在百分之五到十之间。随着周围环境平均温度的变化，封盖蛹室之间的空巢房在数量上也会发生变化。与巢内气候的调控无关的不利条件也能导致 20% 的封盖区域巢房变空。例如，二倍体雄蜂幼虫的发生率高时（►第 9 章），工蜂就会破坏巢房，并将它们从巢房内赶走，这将导致子脾区域出现很多的“空洞”。

蛹发育时的平均温度将影响到未来成虫的特性，并影响到为子脾保温或筑造子脾的能力。这反过来将影响下一代蛹的特性。大大小小的控制回路在子脾区域内交织在一起。

10.1 子脾是社群稳态的一个很明显的例子，这是一个蜂群里所有蜜蜂共同作用的结果。蜜蜂蛹的巢房之所以能作为最佳的加热设备是由子脾的建筑结构决定的，在子脾区域，产热蜂能够利用分布于子脾封盖区的5%~10%的空巢房产生热量。

在许多形式的蜂群中都发现了反馈回路。单个蜜蜂和超个体都有迅速或缓慢的反馈效应，或强或弱的交互作用存在于负反馈和反作用之间，相互干扰。

反馈环路迅速地或循序渐进地行动，这依赖于它测定某一特定参数值所需的时间和交流这一信息的速度。如果蜜蜂直接从周围环境提取一个信号，当信息通过通信信号间接传输时，反作用通常更加迅速。与单独地感觉信息相反，由通信信号诱导并协调的活动有一个好处：发生的反应将不受每只蜜蜂个体经验多少的影响。经典的例子就是舞蹈通信。在蜜蜂为子脾加热的过程中，我们也发现了一种现象，虽然具体的细节还不清楚，但这似乎也是通过某种通信系统控制的：如果小心地去除数百只产热蜂触角的最后一段（上面布满温度敏感感受器），她们不会有明显的异常表现，但却不再加热封盖子脾。一些触角完好的产热蜂将加入到这庞大的对温度不敏感的产热蜂行列中，导致所有的产热蜂参与产热。被去掉部分触角的蜜蜂无法直接地测量温度的降低并做出反应，但是通过招募和一些通信方式可以启动共同的加热行为，少量触角完好的产热蜂能鼓舞整群触角被去除的产热蜂为子脾加热。

在进化历程中，通过变异和选择的过程，任何特定的有机体都找到了最理想的阈值水平。高度发达的系统不必等待漫长的进化过程就能在短时间内改变控制回路的阈值点，而不断地适应新环境。

蜂群内特定的阈值水平，例如子脾的理想数量或者贮存花粉的数量，能随季节和超个体的能力而相应地变化，以不断地适应条件的变化，这就是蜂群可塑性的表现方式。

超个体有三种方式应对新的需求，或者扩展当前活动的范围：

- 正在忙碌地执行任务的个体能提高它们的努力程度。
- 进行其他活动的个体可以改变任务，虽然这也许会导致由于执行两种不同任务而产生冲突。
- 征用“安静储备蜂”（quiet reserve）的个体。

蜜蜂通常通过激活安静的储备蜂来做出反应，这种反应的维持是通过它们巨大的数量来实现的。

花蜜采集和蜂蜜消费量的控制回路

在蜂群中有许多优选阈值。托马斯·D. 西利（Thomas D. Seeley, 1949-）在他所著的《蜂巢的智慧》（*The wisdom of the hive*）一书中描述了他在蜂群对食物源的开发利用方面的研究工作。一长串的因素可以影响蜂群蜂蜜储量的最佳值，在蜂巢中，蜂蜜的储备空间和蜜蜂消耗蜂蜜的速率是两个主要的因素。

必须通过花蜜的采集来平衡为子脾加热所使用的蜂蜜，采集蜂执行这项任务，其调控必须包含以下两方面：当蜂巢里的蜂蜜储备量下降并且田野里有好的蜜源供应时，采集蜂增多；当蜂巢内有足够的储备或者平时的食物源枯绝时，采集蜂减少。在这两种情况下，反馈都通过信息交流机制完成。采集蜂跳起舞蹈时蜂群的安静将被打破，而巢脾上接受花蜜的工蜂数量较少时，会对采集活动有负作用和下调效果。这样的反馈保证蜂群对各种特殊的新情况产生迅速反应。

调控细节如下：如果田野里的蜜源良好，采集蜂回巢跳圆舞或摆尾舞。她们的同巢伙伴被迫增加花蜜的接受量。这种花蜜采集量的增加不是因为采集者更加努力地收集，而是因为采集蜂数量的增加。蜂群中有可利用的不太活动的安静储备蜂，这些蜂也是很重要的，摆尾舞能激活安静储备蜂。蜜蜂出生时，在其身上安装无线射频识别芯片（RFID =

10.2 “透明的蜜蜂”：刚出房的蜜蜂胸部安装了一块小芯片，这样可以鉴别蜜蜂个体并不间断地观察其终生活动。

radio frequency identification，图3.10)，就可以得到一张单一个体蜜蜂采集活动的准确图片。这是她终生搜寻采集的全部记录(图10.2)。结果显示，一只采集蜂平均每天飞行3~10次。

接收蜂负责接受采集蜂采回的花蜜，如果巢内所有可利用的贮藏区域都被填满，她们就不再接受采集蜂的花蜜，或者让采集蜂等待。采集蜂就会表演颤抖舞（图10.3)，并发信号告诉其他采集蜂不必再去采集。

当食物源枯绝或过多的采集蜂聚集在采集点而导致拥塞时，采集蜂也会做出反应。当她们回巢时，这些采集蜂会挤靠其他工蜂，并发出短的、高调的、哔哔的噪声(图10.3)。

10.3 从蜜源处回来的采集蜂对蜂箱内跳舞的蜜蜂不感兴趣，于是就对她们发出高频率的哔哔声，这样跳舞的蜜蜂立刻停止跳舞。如果巢内不跳舞的蜜蜂受到采集蜂哔哔声的影响，就将变得活跃起来，然后接受采集蜂带回来的花蜜。

哔哔的声音可以影响到跳摆尾舞和颤抖舞的蜜蜂。听到“哔哔”声的蜜蜂会停止跳摆尾舞。在其他区域，哔哔的声音和颤抖舞能召集更多的接收蜂，以增加蜂群接受花蜜的能力，颤抖舞既降低采集速度，又能鼓舞接收蜂。摆尾舞、颤抖舞及“哔哔”声将使巢内花蜜采集和处理的整个流程变得稳定。相比于仅受田间供应量影响的情况，增加了这些措施后，蜂巢内花蜜处理的流程变得稳定了许多（图10.4）。

蜂群采集活动的空间和时间控制是到新旧采集地点采集的结果。用来部署蜂群采集力量的信息流，取决于舞蹈行为和接收蜂不断比较不同食物源口味的行为。通过这种方法，田野里的采集蜂可以选择最佳的采集源。

蜜蜂个体的控制回路也互相联系。花蜜采集控制回路与巢脾筑造控制系统交织在一起。如果接收蜂接

10.4 两种控制容积的不同行为调节采进蜂巢花蜜的多少。左图：跳摆尾舞的蜜蜂召集更多的采集蜂采蜜，这样就可以增加花蜜的输入。右图：颤抖舞又阻止采集蜂远行，以减少花蜜的采集。

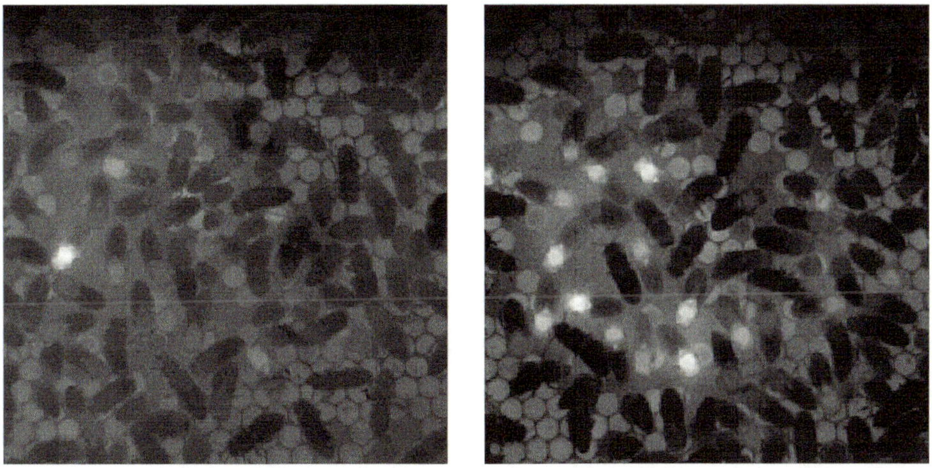

10.6 左图：几只产热蜂在子脾区域加热，该区域的温度略低于必需的正常温度。右图：许多产热蜂在巢脾上加热，该巢脾上的巢房温度较正常温度低很多。

受花蜜后找不到空间存放花蜜，她们的蜡腺便开始产生更多的建筑材料，这会掀起一股筑造巢脾的浪潮，建造更多的贮藏空间，蜂巢就这样扩张起来。

蜂群里一个特殊的值就是子脾的温度。如果温度太高，蜜蜂就会把水带入蜂巢，并轻轻涂布在巢房的边缘和封盖上，而其他蜜蜂则在巢脾上用翅膀扇风产生气流（图10.5），降低温度。如果温度太低，加热蜂就会开始工作（图 10.6）。这两种效果相反的行为是由特定值的变化而引起的。

但是怎么做到不仅变化的方向（冷却或加热）总是正确，而且温度的调控又是那样精确呢？还有，如何精确地激活适当数量的蜜蜂，以调控温度的变化？

解决方法很简单，但非常有效。不同的蜜蜂个体对激发行为的提示

10.5 如果封盖子脾内的温度略高于正常的温度，就有一小部分蜜蜂扇风（上图）。如果温度超越了正常温度并达到一个很高的值，那么就会有很多的蜜蜂来扇风，以使温度恢复正常（下图）。

和信号有不同的阈值。温度稍有升高时，有些蜜蜂开始扇动她们的翅膀。如果第一组冷却蜂控制了过热现象，那就没事了；如果她们不能控制，温度将继续升高，这时对温度次敏感的蜜蜂也开始扇动她们的翅膀（图 10.5）。依此类推，当温度下降时，最后开始扇风的温度阈值最高的蜜蜂首先停止扇风。这个过程非常有效，因为付出的努力正好足以解决不利因素。**安静储备蜂并非对刺激物具有相似的阈值，也不由相同能力的蜜蜂组成，而是由各种各样的蜜蜂组成。这样多种才能蜜蜂的混杂，保证蜂群对任何干扰都能做出适当反应。**

激发个体行为的阈值部分取决于基因组，是蜂王多次交尾的结果。不同的父亲产生不同行为阈值和敏感程度的女儿。敏感度范围越宽，就有越多等级的蜜蜂被配置去适应干扰范围，蜂群所能调整的精确程度也就越高。

特殊行动的阈值也可能受子脾情况的影响。不同于遗传组分，这是一个缓慢的反馈环路，显然受蜜蜂自身发育调控，而且它扮演了决定性的角色。

欧洲蜜蜂（*Apis mellifera carnica*）和非洲蜜蜂（*Apis mellifera scutellata*）的杂交，产生了所谓的非洲"杀人蜂"。从行为学角度分析，这种杂交表现出蜂群自身缺乏对报警反应的精密调控。不同于亲密的舞蹈通信，一个敌对报警信号会在所有蜂群中激活大量的蜂群成员，但是这与威胁程度十分不相符。杀人蜂蜂群中的异常警报以全部出动或无反应的方式表现出来。即使极微量的警报物质——乙酸异戊酯从蜜蜂的螫针部位释放出来，也会造成整个蜂群从蜂巢喷发出来，加入到攻击的行列，常常导致受害者致命。

失调性疾病

疾病可能给蜜蜂个体和整个蜂群带来灾难。蜜蜂疾病是由病原物或寄生虫引起的，真菌、细菌和病毒都可能成为感染的病原。寄生生物（例如瓦螨）带来的不仅是直接威胁，也可能携带病原体。

蜜蜂居住在一个令人难以相信的拥挤的世界里，彼此不断互相接触，所以在进化的过程中产生了用于预防疾病的多种机制就不奇怪了。

10.7 考虑到蜜蜂生活在拥挤的环境中，因此工蜂间相互清洁对于防止传染病的流行是很必要的。

首先，蜜蜂表皮的外部覆盖物与薄层的蜂蜡一起，让病原生物很难穿过。通过了这个障碍的病原物要面对拥有先天分子防卫机制的血淋巴防御细胞所组成的免疫系统。在独居性昆虫中，也发现了相同或相似的屏障。然而作为一个群体，蜜蜂能利用不同于独居性物种的特性，特别是通过许多特殊的行为方式来谨慎地维护蜂巢的卫生。

工蜂常常相互清洁（图10.7），而且蜂群中最重要的成员——蜂王，也

10.8 蜂王不断被她四周的侍卫蜂清理。在整个蜂群中，蜂王是最不容易感染上病原的。

要不断地接受侍卫蜂的清洁处理（图10.8）。

产卵之前，未来的托儿所（巢房）要被彻底地清洁干净（图10.9）。

如果在蜂巢内发生死亡，尸体会很快从蜂群中清除掉（图10.10、10.11）。

病蜂被蜂巢内的蜜蜂辨认出来，并被作为攻击对象，虽然依据什么

10.9 蜂王把卵产在非常干净的空巢房内，这对于蜂群的健康来说是一个非常重要的行为。

来辨认蜂群内患病成员的机理还不很清楚，可能是因为个体行为或身体表面化学物质的改变。

蜜蜂也使用外界物质来对抗感染。蜂胶是蜜蜂从植物芽部采集来的用于修建蜂巢的树脂，具有抗细菌和抗真菌的作用。蜜蜂进入植物界的药房，并从那里获得她们所需要的药物。

然而，疾病也能改变行为。中世纪，流行病发生时，人们离开城镇来到空旷的乡村，这是一种减缓疾病传播的策略。蜜蜂在遭受疾病攻击时也表现出行为的变化。感染或寄生虫侵染将影响蜜蜂个体的定位能力，这对她们来说是致命的。病蜂在采集之后不能找到回巢的路，她们将停留在野外，死在那里。

10.10 死幼虫或死蛹很快会被发现，并被移除到箱外。

10.11 成年蜂死在蜂箱内，就会引发蜜蜂的清理行为，这些蜜蜂就成了殡葬蜂，将蜂箱内的尸体清理出去。

10.12 与野生蜜蜂群体相比，驯养的蜜蜂为了饲养方便而摆靠很近，但这导致了蜂群间疾病的迅速扩散。

蜂群自我净化的方法可能导致一个问题：如果养蜂人把蜂群摆得很靠近，病蜂将不能发现她们自己的蜂巢，而进入到邻近的蜂巢内（图10.12）。这样，自然的疾病隔离机制就变成了向临近蜂巢传播的途径。这个问题在一定程度上被守卫蜂的行为所缓和，但是没有完全得到解决。

劳动分工、分散控制和羽化

劳动分工（►第2章和第8章）是群居性昆虫获得成功的一个秘方。在蜜蜂中，这种劳动分工是依据日龄不同而分配完成不同的任务。最容易辨认的是年长的蜜蜂参加采集活动，虽然蜂群中大多数任务是有原则的，但也存在高度的灵活性。如果去除蜂群中所有年幼的蜜蜂，那么某些老年蜂会"返老还童"，发育出活跃的哺育腺体，甚至活跃的蜡腺。如果移走所有老年蜂，会导致年轻蜂非常迅速地成为采集蜂。系统的这种适应性，有赖于人为地不成比例地提高特定分工的工蜂数量条件下遗传组分的自我表达。

特殊劳动者的存在并不能确保她们的专属职业。各种年龄和职业的蜜蜂似乎知道什么时候必须做什么、在哪儿做、做多少。蜜蜂一生中，依赖年龄的职业顺序仅为蜂群提供了满足所有需求的框架。在蜂群中完成工作的程度和性质，与被激活能量的数量是紧密相连的，可能有人会问：蜜蜂是怎么对需求做出那么恰当的反应的？是谁发布命令？又是谁保证她们正确地执行呢？

答案看上去很简单。她们有一只蜂王，至少从表面上来看，她是蜂群的领袖。然而看不到蜂王发布命令的任何线索，只有一个例外：一只能繁殖的蜂王，她上颚腺产生所谓的蜂王物质，通过蜜蜂交哺作用分散到蜂巢内的所有蜜蜂，防止工蜂卵巢的发育，这保证她与非常罕见的产卵工蜂区别开来，在蜂巢内保持生殖优势。

这个情况不代表在决策制定上的指令结构，只是蜜蜂对信息激素的生理反应，虽然其影响到很大数量的蜜蜂，给人以统治君主的印象。

10.13 蜜蜂分蜂形成带来了一个“分蜂智能”时期。

蜂群没有按等级来组织。蜜蜂的集体行为被分散开来，每只蜜蜂的行为都表现得好像已经做出了决定。这些决定的结果体现在蜂群中，只是局部的微小变化。但这些小变化反过来对适应新情况并且已做出决定的其他蜜蜂产生刺激。蜂群中可观测的宏观行为是由这许多小决定产生的。分蜂、筑巢、巢脾使用以及蜂巢周围的调查（图 10.13～10.16）都是这一类蜂群的宏观行为。

随着参与者的交互作用，这个系统中出现许多新特性。系统的宏观行为看起来是许多自下而上而不是

10.14 巢脾的建造是蜂群内每个成员共同协作的确实表现。

10.15 巢脾因为蜜蜂间的相互作用而得到最好的利用。

10.16 信息交流是行为协调的基础。

自上而下的结果。

对系统来说，不具有优势的新特性就像雪花晶体的完美图案一样毫无意义。蜂群中的自然选择保证它们的宏观行为是适应环境的并对蜂群有用。

对观察者来说，超个体的行为也许看上去很聪明，因为它们能找到适当的方法完成任务和解决问题。超个体的这种行为被命名为集体智能。

对超个体集体智能的研究，为生物学家勾勒出令人激动的画面，也引发了人们对许多数学和技术学科的兴趣。在能力有限的超个体中，那些与它们的环境互作的小元素，和与它们相似的其他元素，通过微作用形成微模式，并且形成机器“人工智能”的基础，这种“蜂群智能”的特殊例子也属于这种范畴。

从事复杂计算机系统研究的计

算机数学家和工程师的看法已经将生物学家们带到了一种新的境界：当他们用形式上的公式和规则研究各种机制时，自然却已经构建出了复杂的超个体系统。

蜜蜂不仅是自然环境引人入胜的重要媒介。她们的网络控制系统为人们对复杂任务的技术解答提供了参考答案，这是蜜蜂世界中另一个令人振奋的领域。

GAGAGACGCGGTCAAGGGACCGAAGATATCGATCATCCTG
AAACTATCCACGACGTAGGGATCGTCGGCAGCGTTTTTT
AGTGTTTCGTCGTGTGTCCCTCCCCCCGTTGCTCGGGAT
GGCCGGCGACTTTGGTTACCGAAGAAGAAGGAGGAGAAGG
TGAGCGTAGGAGGGAGGAATCGAGGGGGAAGGGAATCGGG
GGTAGGTTTACGGGAATCGATGCGTGGCCCCCATGGTTGG
GTGTCGGACGCTTGACTCGGGGATTTGAAACTTAACCCTG
ATTTCTCTTTTTTCCCCCCGCGAGCATTTCGGTGAAAAAT
TCGTATTCGTATCGACCTATTTCGATCCGATTCAAAATAT
AAATAAGAAGGAAAGATTCGGATAATTCGAANAAAATAAA
ACCTCGAGCGAAGGATGGATCCCGACGAATTCACCGATTC

AGTTCATCATTTTATCTTCCAAAACTTCAGAAGCAAATCC
AGTCGAAGACACAAAGATGAGATTCAGCCTGACCCCGCAA
GACGCGATGAAAATGGTGGCCAGGTTACCAGGAGGATTC
GGCGAGATTCTAAATATTTCTAATTCCACGGGTCGTCGGG
TTTCTCCTCCCCTCTTCCCTCCCCTCCCCCCTTTTTTTCT
GGCGGAACGTCATCTGGAGCAACGCGGTGTGGATTGGAAG
AGCAATCCTGACGATGAAGAGCTCGGTATACAAATCGTTA
TCTTTCTTTCTTCTTCTTTTTCTTTTTTTTTTTCTAATAA
AATTCCACGCTCACCTCGGTTAATAATAACGACAACGATG
CATTTGAAATTCAAATGTATATCCGTTTCTTCTTTGTTTT
GTTATTATTAGATTCGTCTCGTTCAACTATACATATCTTT
TTATAATCCCTTGCTGAATAATTTTACACGATTCTCTA

AGTTCATCAAATTTTTCAAATTGGGGAGAGAATTTTCAA
CCGTTTTCGTGACGGATACTTATACCGATGCAGTGAAAAT
GTCTCACTTTACGATGTATCGTGATATTATACGTTGAGGA
ATAAAAATAAGGAGGAGGAGGAATTGATAAAAATAAGGAG
AGGAANNGANAAAAAGAANGATTTTTTTTTAANAAAAGGG
TGGTTGGGAGAGGGAGGAGGGGGTATTGGGGAATTGGATT

尾声

蜜蜂和人类的未来

人类很早就开始对蜜蜂感兴趣，蜜蜂对人类祖先的重要性主要是因为蜜蜂生产蜂蜜和蜂蜡，而现在，人类对蜜蜂重新关注的原因已经大不相同。阿尔伯特·爱因斯坦（1879-1955）曾经说过："当蜜蜂从地球上消失的时候，人类将最多在地球上存活四年。没有蜜蜂，就没有授粉、没有植物、没有动物、没有人类……"这句话道出的时间期限值得关注，不能简单地从字面来理解，它所蕴含的意义非常深刻。蜜蜂是完美的环境指示器，也是地球环境基本的、永久的塑造者，这方面的意义无法估量。

- 我们日益理解蜜蜂对维护生物多样性是多么的重要，即便是一片让人赏心悦目和绚丽多彩的草地也是一个很好的证据。蜜蜂活动与我们餐桌上的烤肉密切相关的事实足以让人深思，牛肉的质量与蜜蜂的存在密切相关，因为蜜蜂保证田野中植物的多样性。这只是蜜蜂广泛影响自然和人类生态系统的一个例子。
- 如果在我们的生活圈内没有蜜蜂，日益重要的可再生资源经营是不可能的，人类和蜜蜂是相互依赖的，没有蜜蜂就没有可持续发展的农业。
- 蜜蜂的健康被用作人类活动和生活其中的环境状况的指示器。
- 蜜蜂激发和挑战年轻人在复杂生物相互作用中的兴趣，以便使他们能及时意识到接管和维护人类赖以生存的生态环境的责任和价值。
- 在基础研究方面，蜜蜂是无穷无尽的思想源泉，包括产生应用技术的思路、洞察这种生物学上成功生存的超个体的内部组织等。
- 蜜蜂在生物医学基础研究领域也提供了多种的可能性，对蜜蜂免疫系统的研究将丰富人类的知识结构，并且非常适合于基本问题的研究。譬如，遗传组成相同的蜜蜂在不同的环境条件下寿命差异非常显著，这为衰老研究提供了良好的切入点；蜜蜂蛹的理想发育温度与人类的体温非常接近，引伸出许多有趣的问题。

地球上许多区域的生态和经济严重依赖大量健康蜜蜂的存在，我们只有很好地理解蜂群这一超个体的内部生活和功能，当其需要关注时，我们才能提供支援和保护。研究者和养蜂者之间的紧密联系是非常必要的，对有机生物的整体分析为我们提供了一个框架，在这个框架之内，我们才能利用最先进的物理和分子生物学方法来研究和理解蜜蜂。

保护蜜蜂就是保护人类自身！

参考文献

Barth FG (1982) Biologie einer Begegnung: Die Partnerschaft der Insekten und Blumen. Deutsche Verlags-Anstalt, Stuttgart

Bonner JT (1993) Life cycles. Reflections of an evolutionary biologist. Princeton University Press, Princeton

Camazine S, Deneubourg JL, Franks NR, Sneyd J, Theraulaz G, Bonabeau E (2001) Self-organization in biological systems. Princeton University Press, Princeton Oxford

Dawkins R (1982) The extended phenotype. Oxford University Press, Oxford

Frisch Kv (1965) Tanzsprache und Orientie-rung der Bienen. Springer, Berlin Heidelberg New York

Frisch Kv, Lindauer M (1993) Aus dem Leben der Bienen. Springer, Berlin Heidelberg New York

Gadagkar R (1997) Survival strategies. Cooperation and conflict in animal societies. Harvard University Press, Cambridge Mass.

Johnson S (2002) Emergence. The connected lives of ants, brains, cities, and software. Simon & Schuster, New York London

Lewontin R (2001) The triple helix. Harvard University Press, Cambridge Mass.

Lindauer M (1975) Verst.ndigung im Bienen-staat. G. Fischer, Stuttgart

Maynard Smith JM, Szathmary E (1995) The major transitions in evolution. Oxford uni-versity press, Oxford

Michener CD (1974) The social behavior of the bees. Belknap Press of HUP, Cambridge Mass.

Moritz RFA, Southwick EE (1992) Bees as superorganisms. An evolutionary reality. Springer, Berlin Heidelberg New York

Nitschmann J, Hüsing OJ (2002) Lexikon der Bienenkunde. Tosa, Wien

Nowottnick C (2004) Die Honigbiene. Die neue Brehm-Bücherei. Westarp Wissen-schaften, Magdeburg

Ruttner F (1992) Naturgeschichte der Honig-bienen. Ehrenwirth, München

Seeley,TD (1995) The wisdom of the hive. The social physiology of honey bee colonies. Harvard University Press, Cambridge Mass. [deutsch (1997): Honigbienen. Im Mikrokosmos des Bienenstocks. Birkh.user, Basel Boston Berlin]

Seeley TD (1985) Honeybee ecology. Princeton University Press, Princeton

Turner JS (2000) The extended organism. The physiology of animal-built structures. Har-vard University Press, Cambridge Mass.

Wenner AM, Wells PH (1990) Anatomy of a controversy: The question of a dance ."language"among bees, Columbia Univer-sity Press, New York

Wilson EO (1971) The insect societies. Harvard University Press, Cambridge Mass.

Winston M (1987) The biology of the honey bee. Harvard University Press, Cambridge Mass.

图片版权

Brigitte Bujok, BEEgroup: Steckbrief 26, 1.1, 8.5, 10.6

Brigitte Bujok, Helga Heilmann, BEEgroup: 4.16, 4.17, 4.18, 4.19, 4.20, 4.21, 4.23

Marco Kleinhenz, BEEgroup: 4.22, 8.12

Marco Kleinhenz, Brigitte Bujok, J ü rgen Tautz, BEEgroup: 3.3

Barrett Klein, BEEgroup: 7.16

Axel Brockmann, Helga Heilmann, BEE-group: 4.9

Mario Pahl, BEEgroup: 4.11

Rosemarie Müller-Tautz: 4.3, 4.7 rechts

Thermovision Erlangen und BEEgroup: Er.ff-nung Kap. 8, P. 4, 8.2

Jürgen Tautz, BEEgroup: 5.6 rechts

Olaf Gimple, BEEgroup: 6.15, 6.16 links

Rainer Wolf, Biozentrum Universit.t W ü rz-burg: 4.5

Fachzentrum Bienen, LWG Veitsh.chheim und Helga Heilmann: 4.7. oben